HISTOIRE

UNIVERSELLE

DU RÈGNE VÉGÉTAL.

HISTOIRE

UNIVERSELLE

DU RÈGNE VÉGÉTAL,

OU

NOUVEAU DICTIONNAIRE

PHYSIQUE ET ÉCONOMIQUE

DE TOUTES LES PLANTES QUI CROISSENT SUR LA SURFACE DU GLOBE:

CONTENANT leurs noms Botaniques & Triviaux dans toutes les Langues, leurs claſſes, leurs Familles, leurs Genres & leurs Eſpèces ; les endroits où on les trouve le plus communément ; leur culture ; les animaux auxquels elles peuvent ſervir de nourriture ; leurs analyſes chymiques ; la manière de les employer pour nos alimens, tant ſolides que liquides ; leurs propriétés, non-ſeulement pour la Médecine des hommes, mais encore pour celle des animaux ; les doſes & la manière de les formuler, & les différens uſages pour leſquels on peut s'en ſervir dans les Arts & Métiers, &c. &c. &c.

ON *y a joint une Bibliothèque raiſonnée de tous les livres de Botanique, l'explication des différens termes uſités dans cette partie de l'Hiſtoire Naturelle ; une notice de tous les ſyſtêmes, & enfin la liſte des Profeſſeurs & des Jardins Botaniques de l'Europe.*

Ouvrage orné de 1100 Planches gravées en taille-douce par les meilleurs Maîtres, & deſſinées d'après nature.

Par M. BUC'HOZ, *Docteur en Médecine, Médecin Botaniſte de Monſieur, frère du Roi, & Médecin de Quartier Surnuméraire de ſa Maiſon, ancien Médecin de quartier de Monſeigneur le Comte d'Artois, & Médecin ordinaire de feu Sa Majeſté le Roi de Pologne, Aggrégé au Collège Royal & à la Faculté de Médecine de Nancy, Aſſocié des Académies de Mayence, de Châlons, d'Angers, de Dijon, de Béziers, de Caën, de Bordeaux & de Metz, Correſpondant de celles de Rouen & de Toulouſe ; Membre de la Société Royale d'Agriculture de Rouen.*

TOME DIXIEME DES PLANCHES.

A PARIS.

Chez BRUNET, Libraire, rue des Écrivains, vis-à-vis le Cloître Saint-Jacques-la-Boucherie.

M. DCC. LXXV.

Avec Approbation, & Privilége du Roi.

Pl. 1.
Dec. 1.
Ornithopus perpusillus. Linn.
Ornithopode à racines Tubercuses.
Dupin filius Sculp.
Cent. 10.

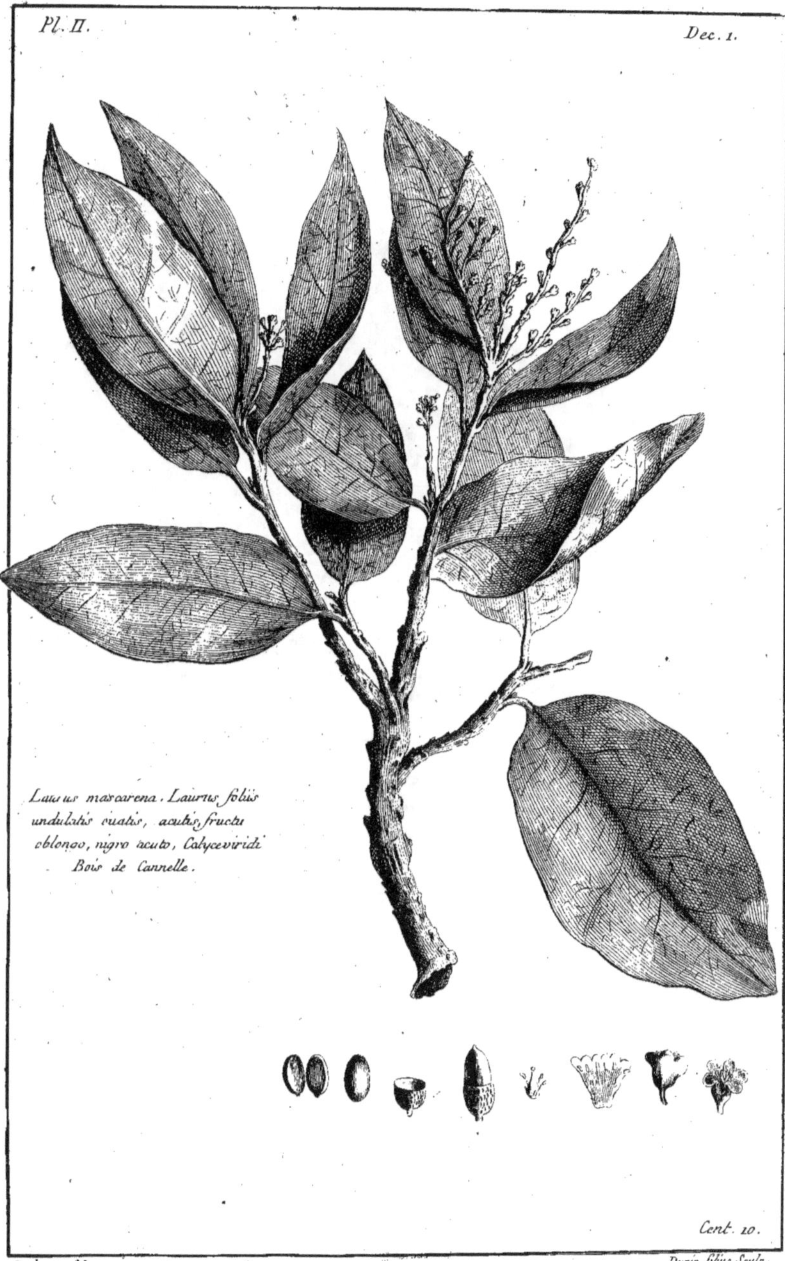

Ducharne del.

Dupin filius Sculp.

Banisteria fulgens. Linn. 612.
Petit erable grimpant en forme d'apocin.
de Sloanne.
la Guaparier velu.

Cent. 10.

Duchesne del.

Dupin filius Sculp.

Fig. 1. Contrayerva Affricana.
Viperine du Cap de
Bonne esperance.
Fig. 2. Contrayerva Americana.
vera.
Le vray Contrayerva.

Cent. 10.

Dupin filius Sculp.

Pl. V.
Dec. 1.
Bucida Buceras.
Linn. Sp. 556.
Grignon. Barrere france equinoxiale.
Cent. 10
Dupin filius Sculp.

Cent. 20.
Bréant, Sculp.

Duchone del.   Dupin filius Sculp.

Hugonia Villosa
Incana flore aureo.
l'Hugon a fleurs Dorées.

Cent. 10.

Duchene del.

Dupin filius Sculp.

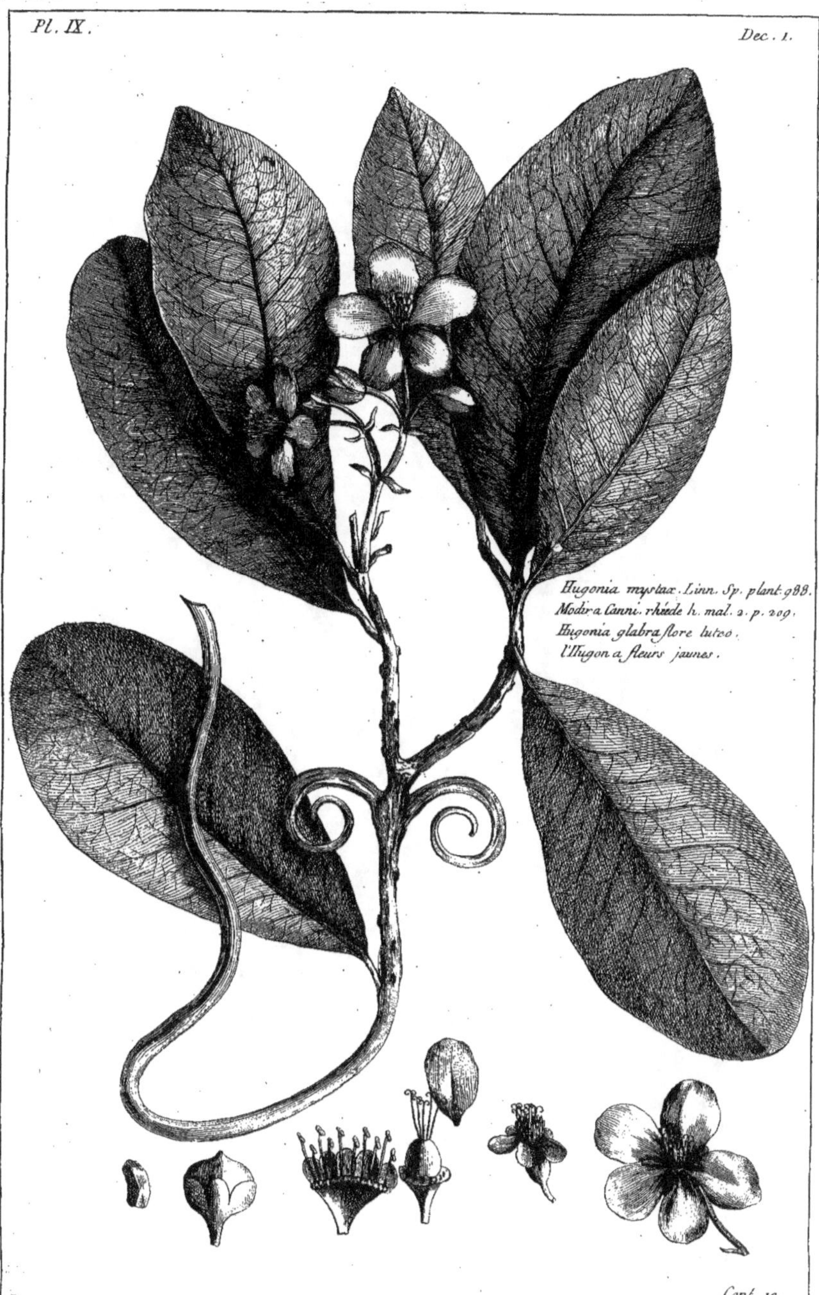

Pl. IX.
Dec. 1.
Hugonia mystax. Linn. Sp. plant. 988.
Modira Canni. rhéede h. mal. 2. p. 209.
Hugonia glabra flore luteo.
l'Hugon a fleurs jaunes.
Cent. 10.
Duchesne del.
Dupin filius Sculp.

Fossard, Sculp.

Fritillaria imperialis. Linn.
Sp. plant. 435.
Couronne imperiale de la grande espece
a Tige cannellée.

Dupin filius Sculp.							Cent. 10.

Pl. II.
Decad. 2.
Xanthium orientale. Linn.
Sp. 1420.
Xanthium du Canada.
Cent. 10.
Breant Sculp.

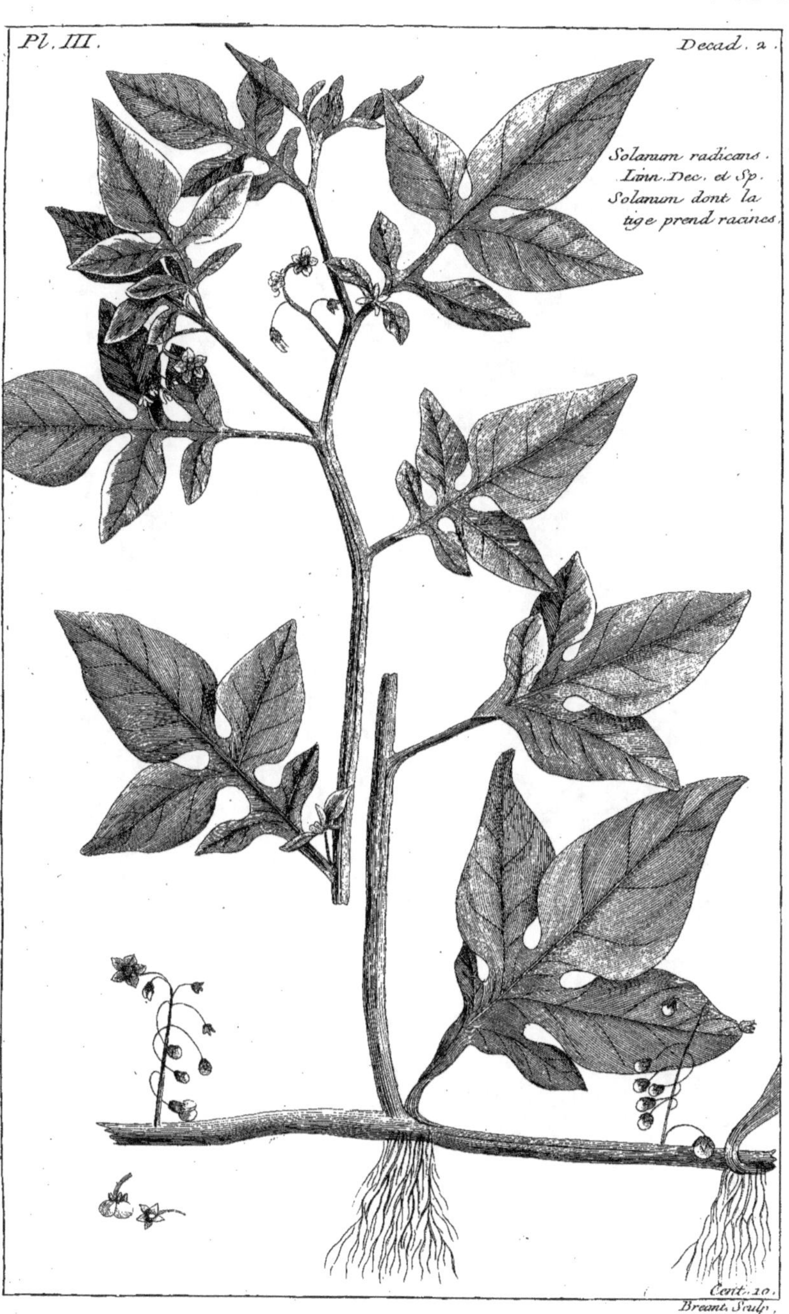
Pl. III.
Decad. 2.
Solanum radicans.
Linn. Dec. et Sp.
Solanum dont la
tige prend racines.
Cent. 10.
Breant Sculp.

Mesembryanthemum pomeridianum.
Linn. Sp.
Mesembryantheme du Cap.
Cent.
Prevost Sculp.

Astragalus Chinensis Linn,
Astragale de la Chine.

Cent. 10.
Breant. Sculp.

Glycine subterranea. Linn. Sp.
Manobi.

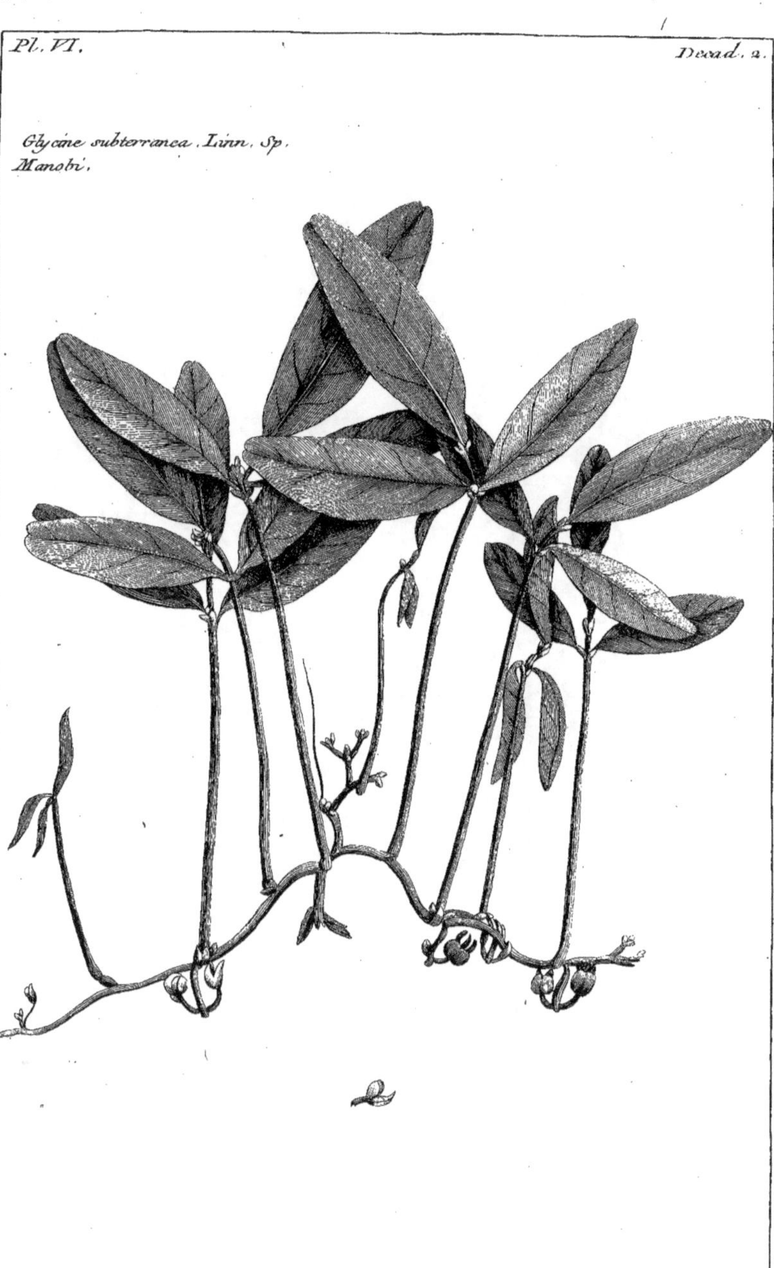

Cent. 20.
Breant Sculp.

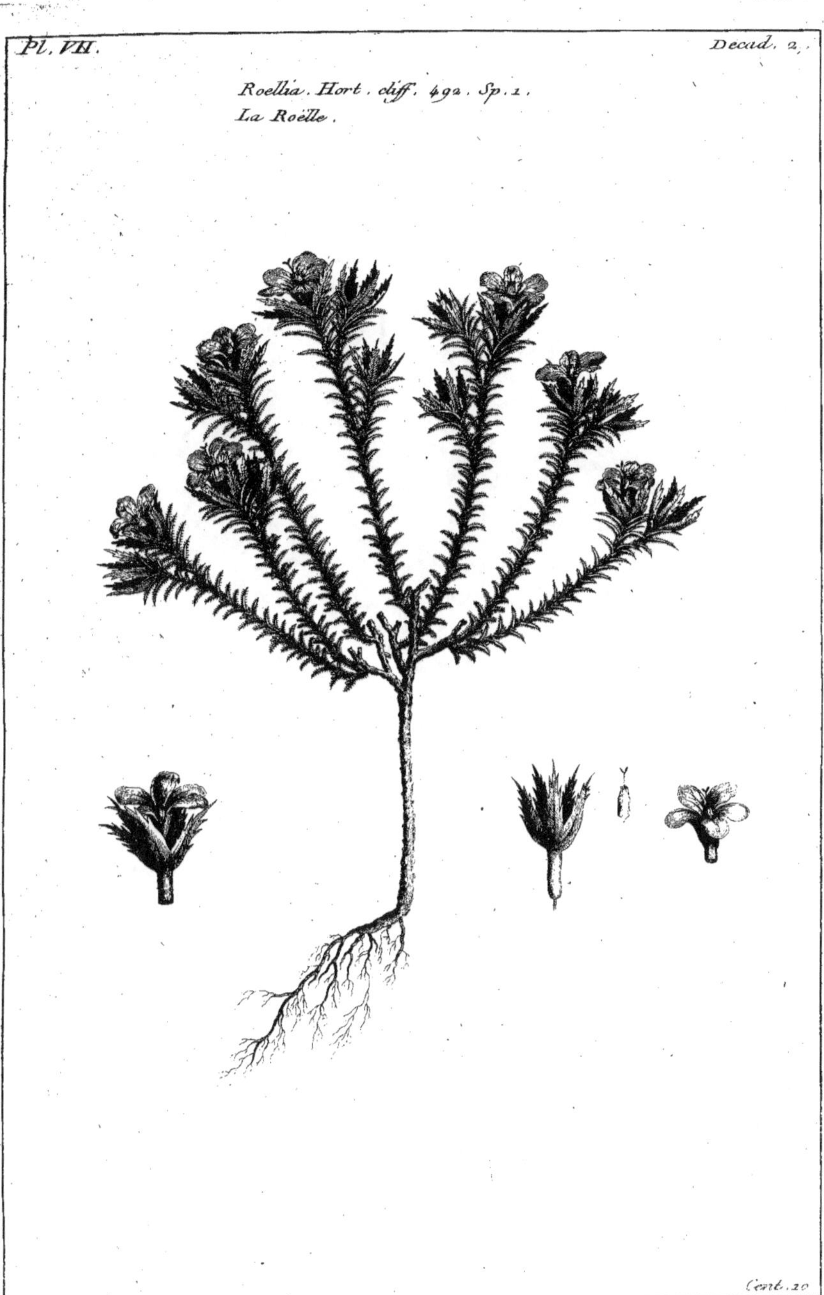

Roellia. Hort. cliff. 492. Sp. 1.
La Roëlle.

Cent. 20.
Fessard. Sculp.

Pl. VIII.
Decad. 2.
Sigesbeckia, Hort. cliff. 412, Sp. 1.
La Lampsane de la Chine. 
Cent. 10.
Fessard, Sculp.

Cliffortia foliis dentatis. mas. Hort.
clyf. 463. Sp. 1.
La Cliffort masle.

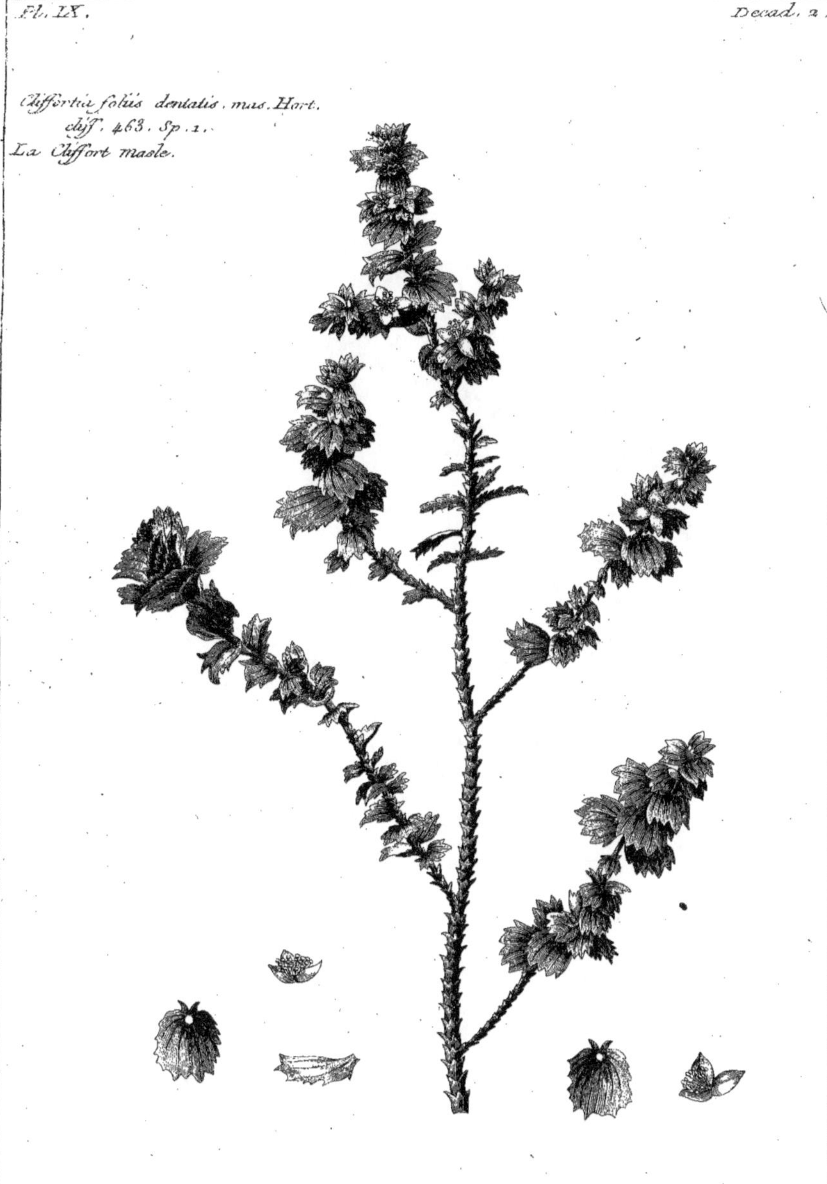

Cent. 10
Fessard. Sc.

CASSIA.
Calycibus acutis floribus pentandris.
Hort. cliff. 497. Sp. 23.
Casse de Virginie.

Cardamine lunaria gouan.
Hort. monsp . 325.
Cardamine lunaire .

Cent. 20.

Fessard, Sculp.

Pl. II.
Dec. 3.
Fritillaria imperialis. Linn.
Couronne Imperiale.
William rex. Chez les fleuristes.
Cent. 10.
Dupin fils Sculp.

Fig. 1. *Festuca ciliata*, gouan, Hort. monsp. 88.
Fetu à Cils.
Fig. 2. *Agrostis ventricosa*, gouan, p. 89.
Agrostis ventrû.

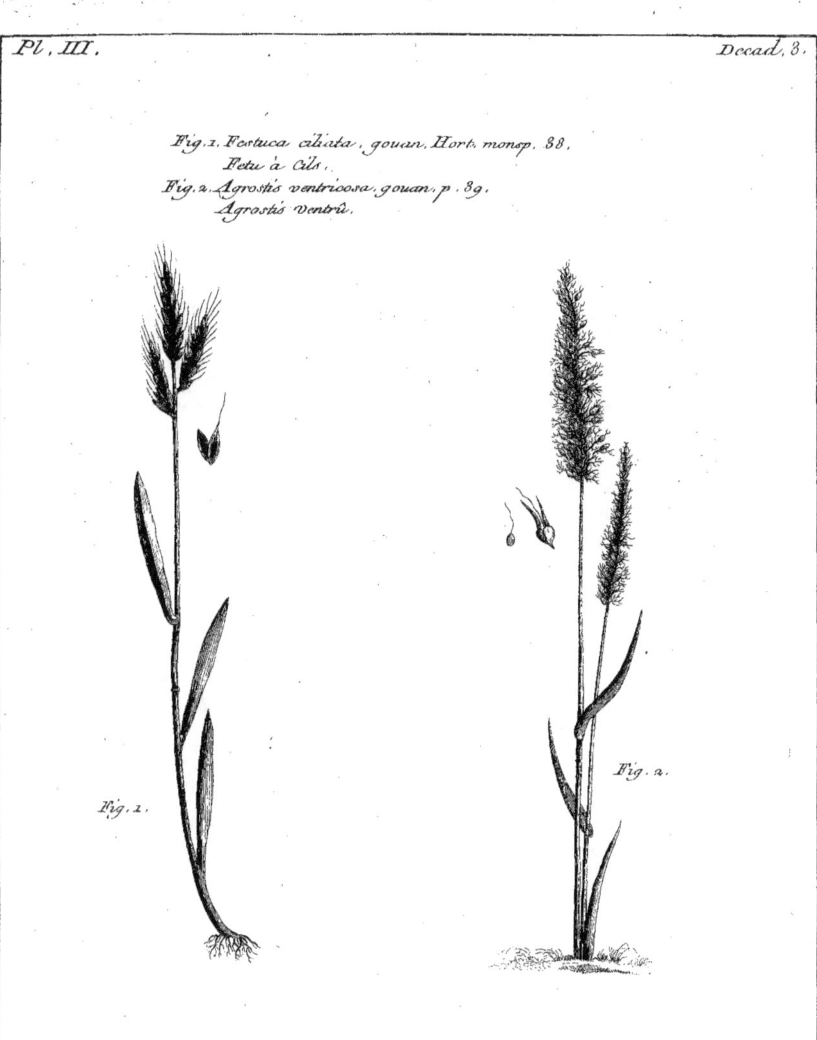

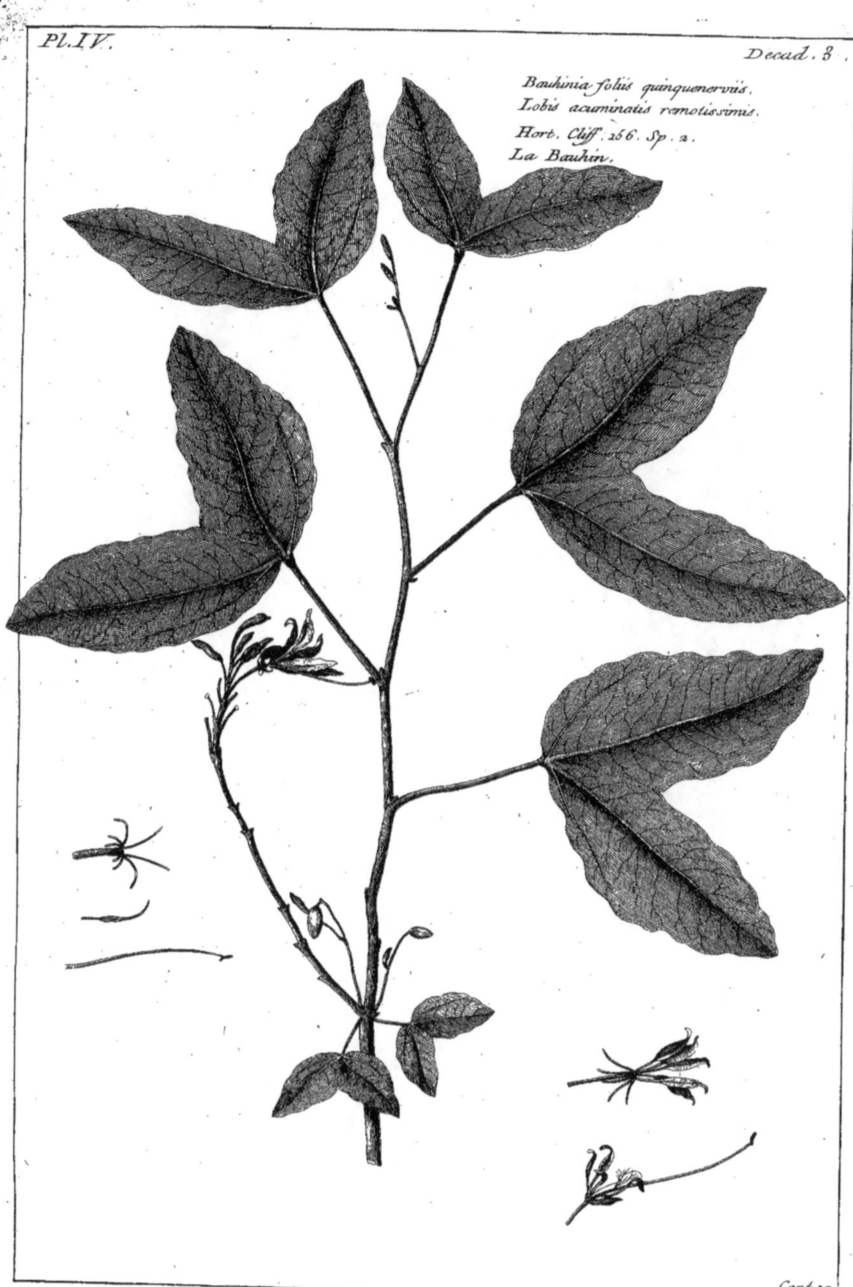

Pl. IV.
Decad. 3.
Bauhinia foliis quinquenerviis.
Lobis acuminatis remotissimis.
Hort. Cliff. 166. Sp. 2.
La Bauhin.
Cent. 20.
Fessard. Sc.

Phalaris paradoxa. Linn. Dec.
Chiendent Oriental.

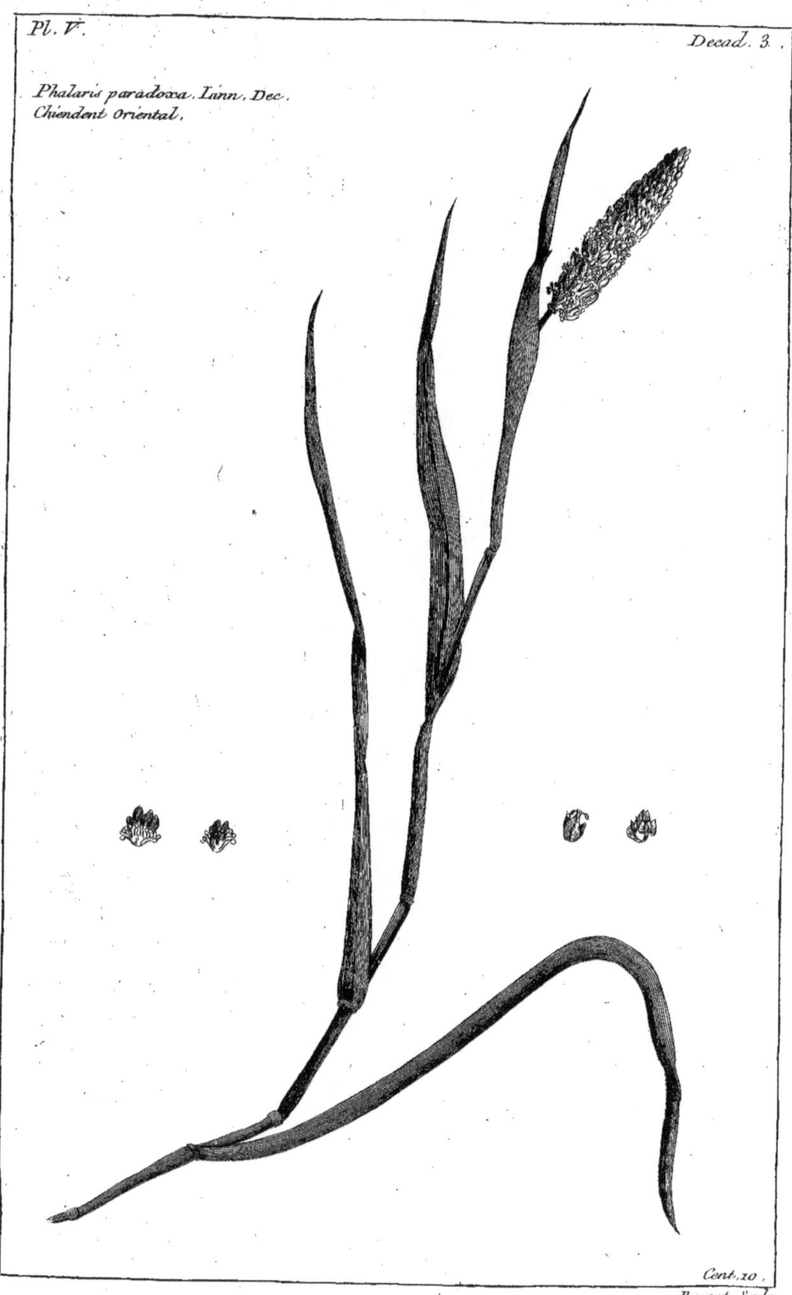

Cent. 10.
Breant. Sculp.

Ducharue del.　　　　　　　　　　　　　　　Dupin filius Sculp.

Pl. VII.
Dec. 3.
Helianthus annuus.
Linn. Sp.
Grand Tournesol.
Cent. 10.
Dupin filius Sculp.

Helxine caule erecto, aculeis exasperato.
Hort. Cliff. 151. Sp. 2.
La Persicaire de Marilande.

Ethulia conyzoides Linn. Dec. 2. T. 1.
Eupatoire à forme de Conyze.

Cent. 10.
Breant. Sculp.

Alyssum montanum. Linn.
Alysson de Montagnes.

Dupin filius Sculp.

Cent. 10.

Eupatorium aromaticum. Linn.
Eupatoire odorant.

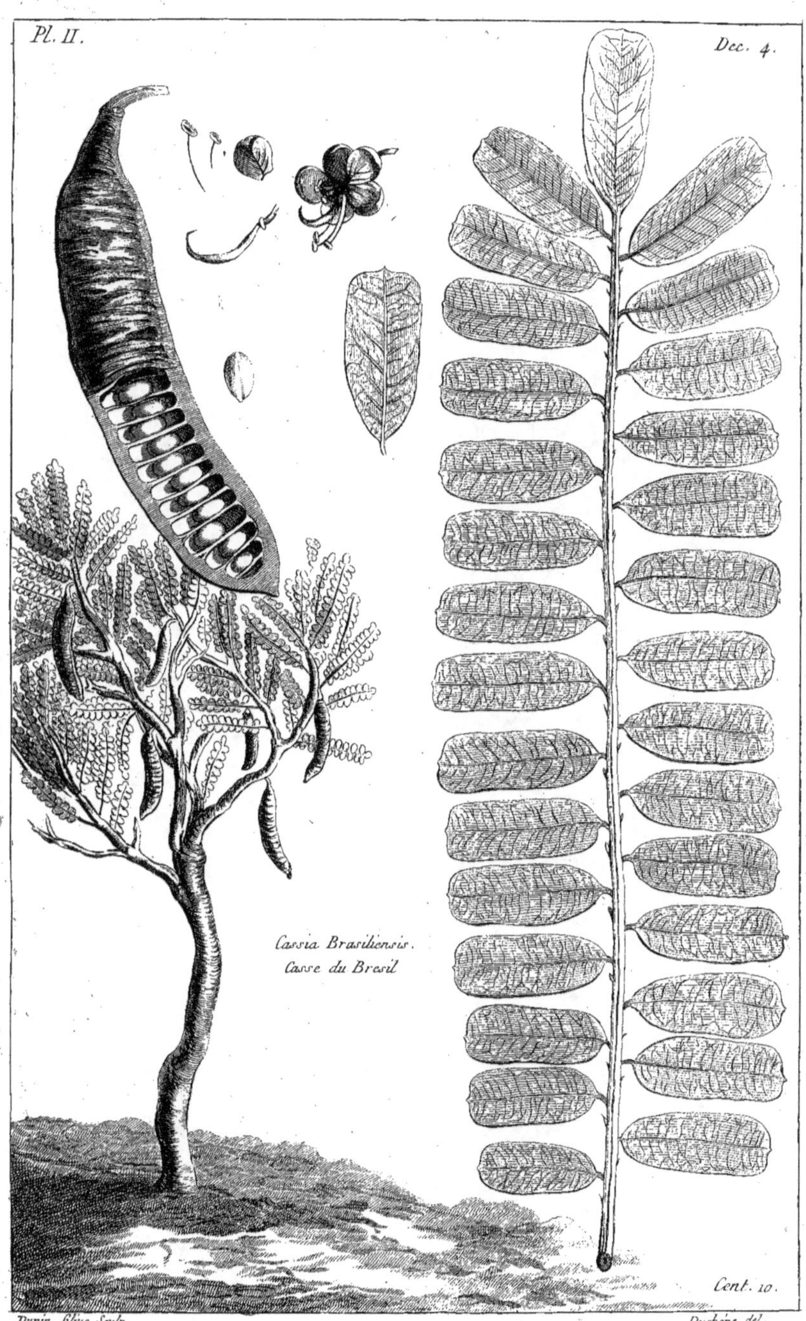

Pl. II.
Dec. 4.
Cassia Brasiliensis.
Casse du Bresil
Cent. 10.
Dupin filius Sculp.
Duchene del.

Dupin filius Sculp.

Cent. 10.

Dupin filius Sculp.

Dupin filius Sculp.

Pavane. Pinx.

Lucas Sculp.

Lonicera Cœrulea. Linn.
Faux Cerisier de montagnes
a fruits Bleux.

Dupin filius Sculp.

Amaryllis flava. h. r. p.
Belle - dame. jaune.
Cent. 10.
Melle. de S. Suire Pinx.
Dupuis filius Sculp.

Fig. 1. Iris fœtidissima.
     Iris tres puant.
Fig. 2. Iris Virginiana.
     Iris de Virginie.
Fig. 3. Iris viridis alba
     Iris d'un verd Blanchatre.
Fig. 4. Alia iridis Species.

Dupin filius Sculp.

Pancratium Illyricum. Linn.
Narcisse d'Illyrie liliacé.

Dupin filius Sculp.

Lilium angustifolium flavum. T.
Lis jaune a feuilles
etroites.

Dupin filius Sculp.

Cent. 12.

Cent. 10.

Dupin filius Sculp.

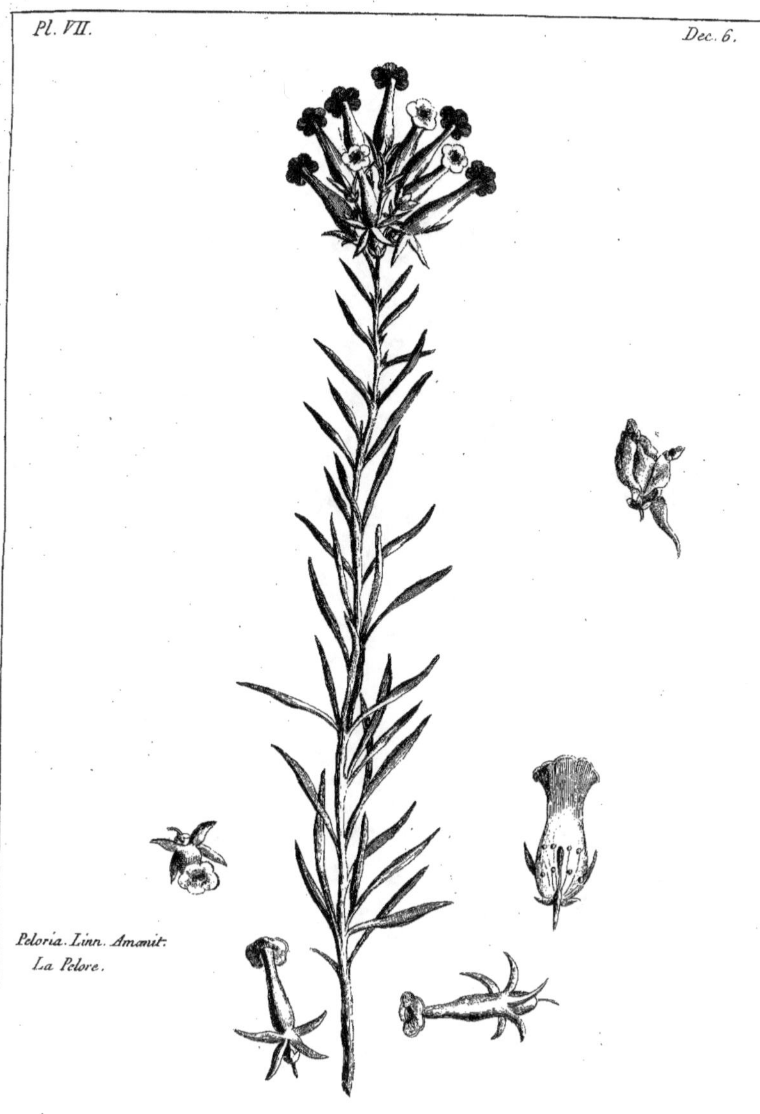

Peloria. Linn. Amœnit:
La Pelore.

Vangelisti Sculp.

Ranunculus aconitifolius. Linn.
Renoncule a feuilles d'aconit.

Dupin. filius Sculp.

Cent. 10.

Cent. 10.

Pl. VI.
Dec. 5.
Peucedanum Alsaticum. Linn.
Carotte d'Alsace.
Cent. 10.
Dupin filius Sculp.

Pl: VII.
Dec. 5.
Fig. 1.
Fig. 2.
Fig. 3.
Fig. 1.   Erica major floribus
          purpura Scentibus. Lob. 7.
          Grande Bruyere a fleurs
          purpurines.
Fig. 2.   Erica fuschii.
          Bruyere de fusche.
Fig. 3.   Erica pumila Calyculata
          unedonis florc. Lob.
          Petite Bruyere.
Dupin filius Sculp.
Cent. 10.

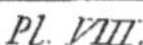

Dupin filius Sculp.

Cent. 10.

Cent. 10.

Dupin filius Sculp

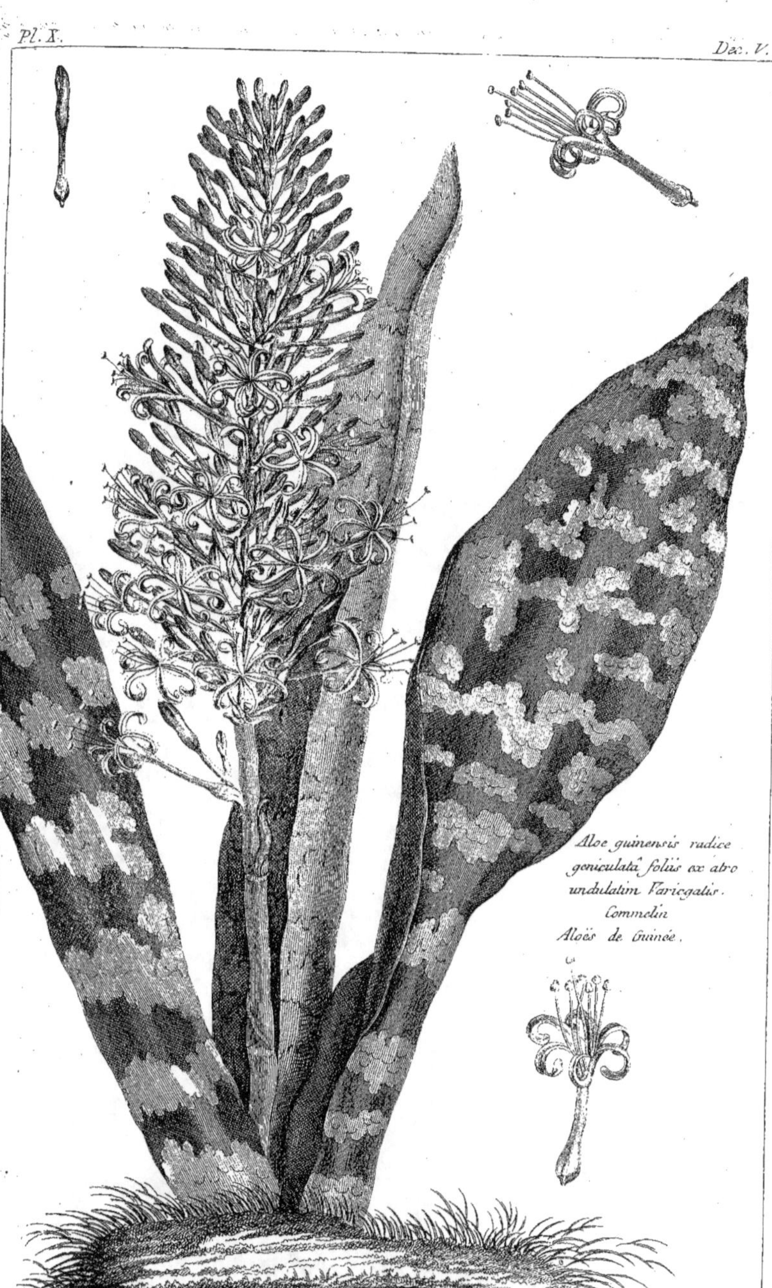

Dupin filius Sculp.

Mentha rotundi folia. Linn.
Menthe a epis.

Cent. 10.

Dupin filius Sculp.

Pl. II.
Dec. VI.
Fig. 1.
Fig. 2.
Fig. 1. Fritillaria Aquitanica.
La Fritillaire d'Aquitaine.
Fig. 2. Fritillaria viperinoflore.
La Fritillaire a fleurs
de Viperine.
Ceni. 30.
Dupin filius Sculp.

*Pulsatilla pyrenaica elatior
magno flore.
La Coquelourde des Pyrénées.*

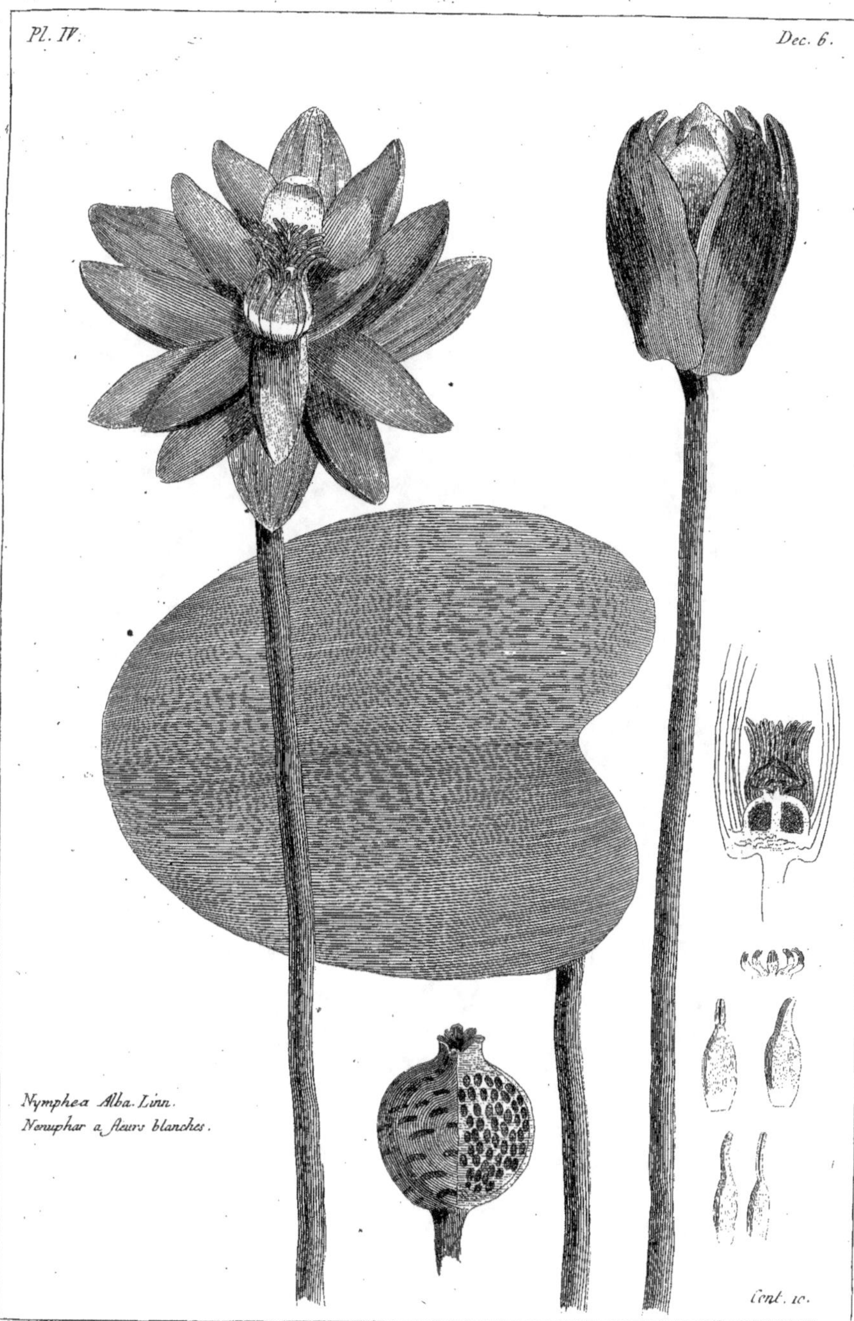

Nymphea Alba. Linn.
Nenuphar a fleurs blanches.

Dupin filius Sculp.

Cent. 10.

Scrophularia peregrina . Linn.
Scrophulaire a feuilles d'Ortie .

Dupin filius Sculp .

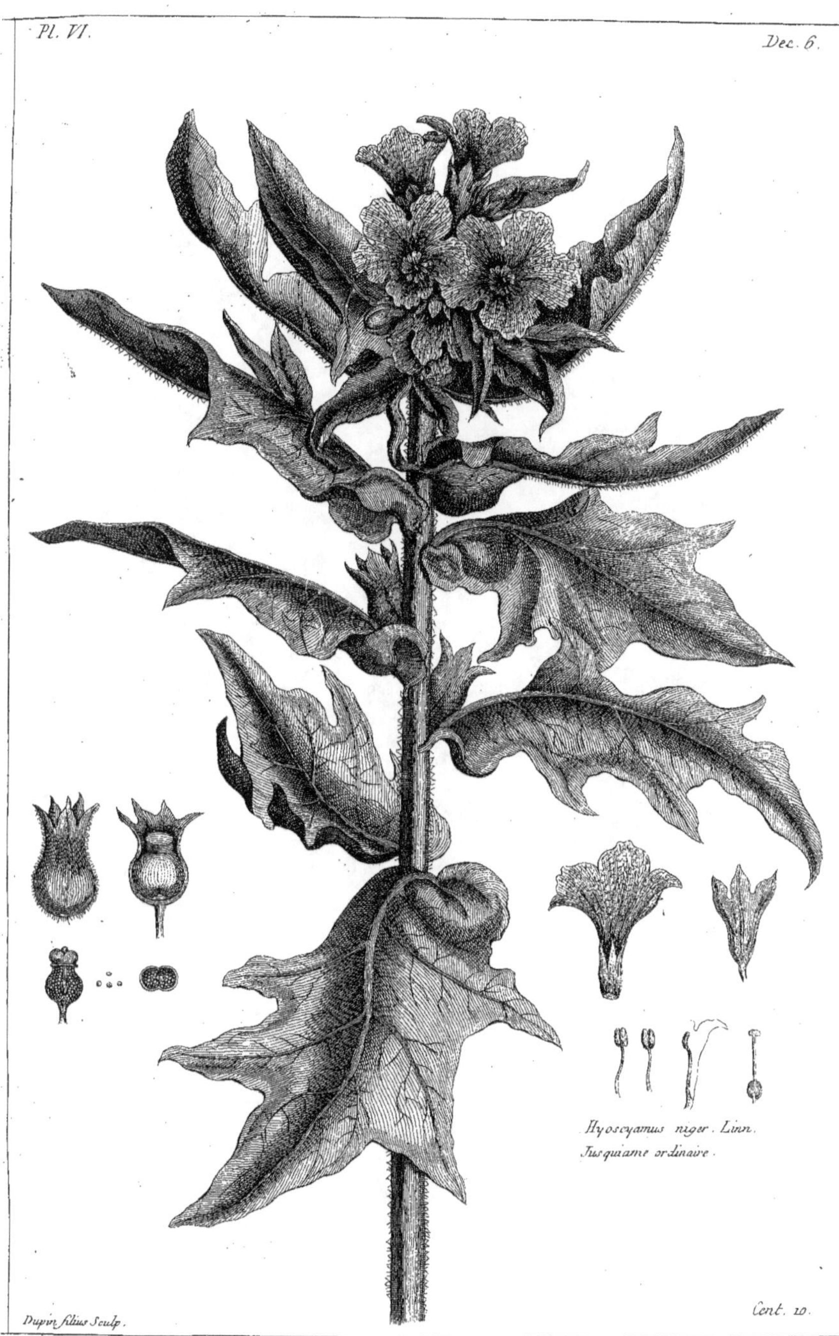

Dupin filius Sculp.

Cent. 10.

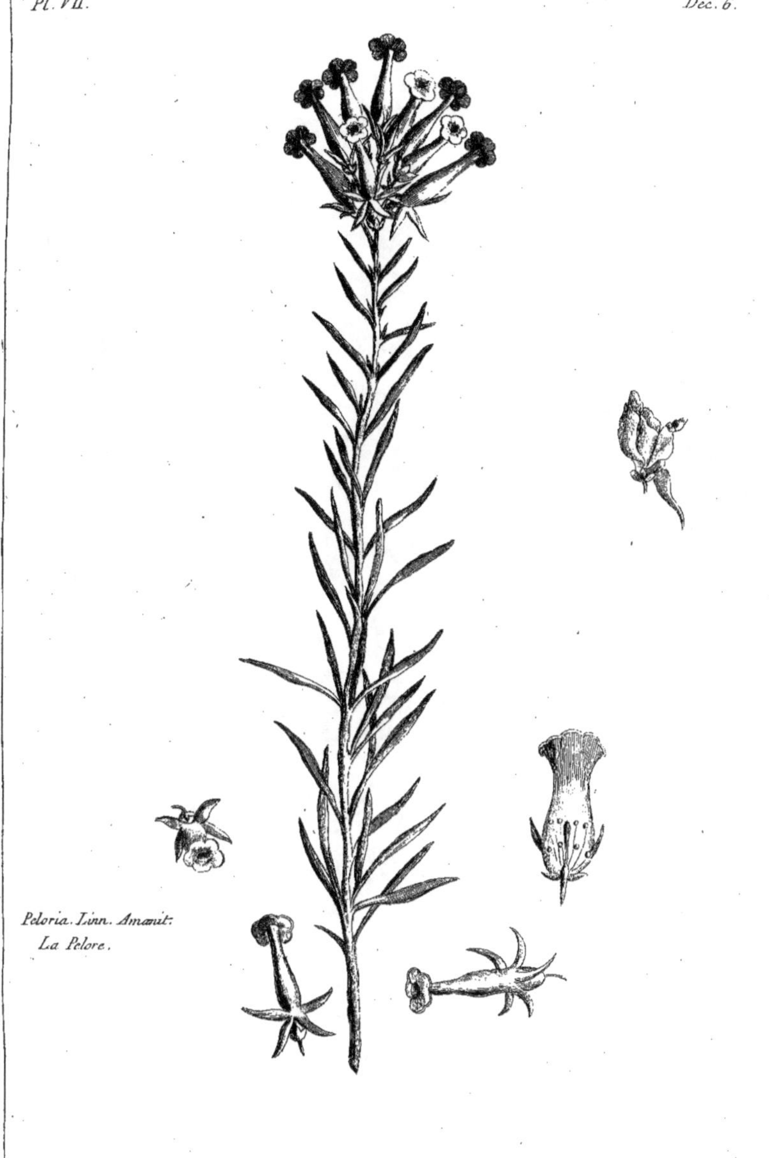

Peloria. Linn. Amœnit:
La Pelore.

Cent. 10.

Psoralea Pinnata.
Linn.
le Genest d'Affrique a fleurs Bleues.

M.elle de St Suire Pinx.

Dupin filius Sculp.

Dipsacus laciniatus. Linn.
Chardon a foulon a feuilles
Laciniées.

Pl. X.
Dec. 6.
Pæonia officinalis. Linn.
Pivoine.
Cent. 10.
M.elle de St Suire pinx.
Dupin filius Sculp.

Cent. 10.

Dupin filius Sculp.

Pl. II.
Dec. 7.
Rosa Canina. Linn.
Rose Sauvage.
Cent. 10.
Dupin filius pinx.

Prunus Cerasus flers pleno.
Linn.
Cerisier a fleurs Doubles.

Dupin filius Sculp.

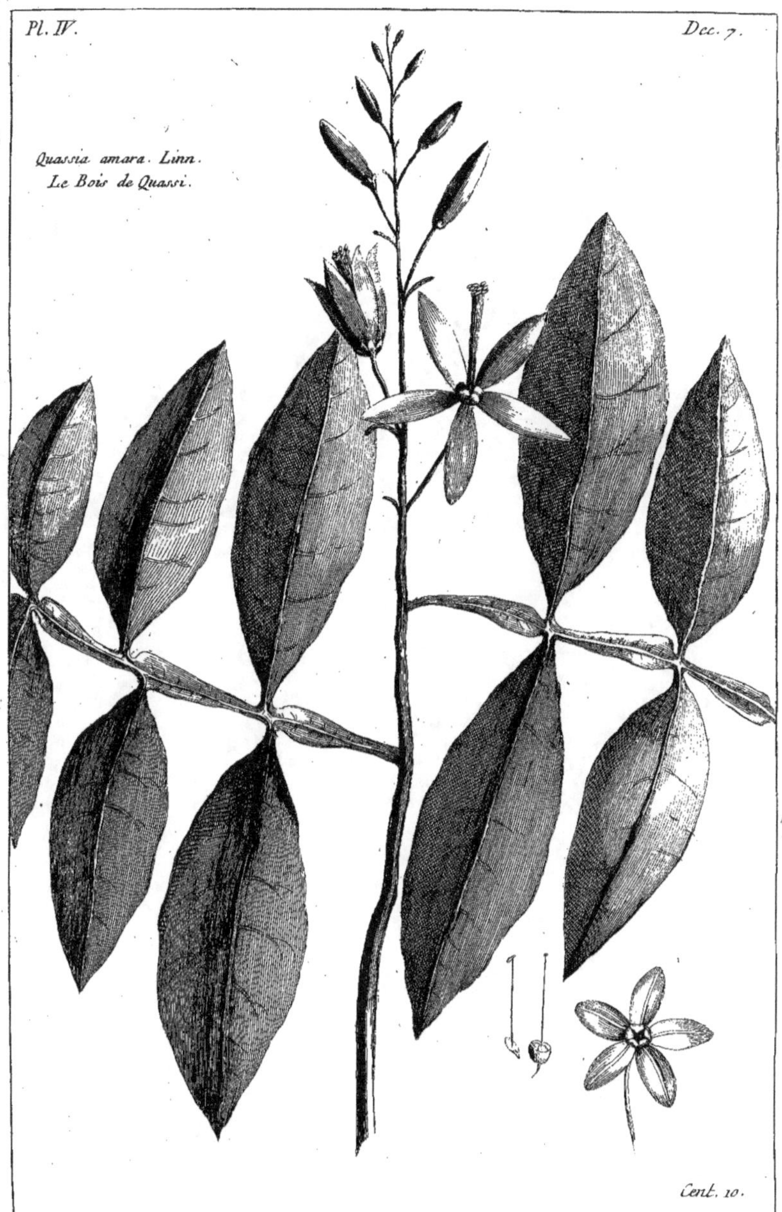
Quassia amara. Linn.
Le Bois de Quassi.
Cent. 10.
Dupin fils Sculp.

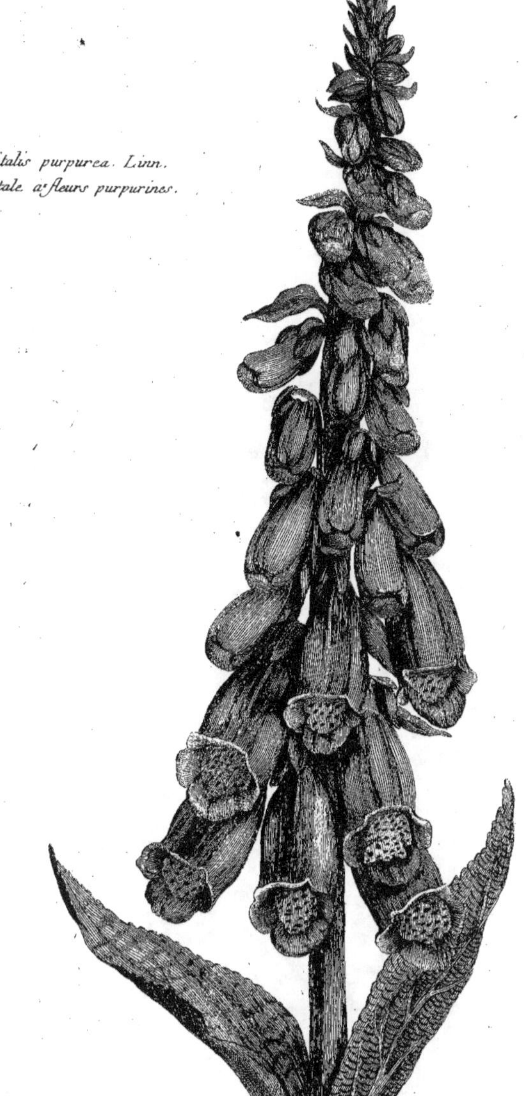

Digitalis purpurea. Linn.
Digitale à fleurs purpurines.
Cent. 10.
Dupin filius Sculp.

Rubus fruticosus. Linn.
La Ronce commune.

Dupin filius Sculp.

Cent. 10.

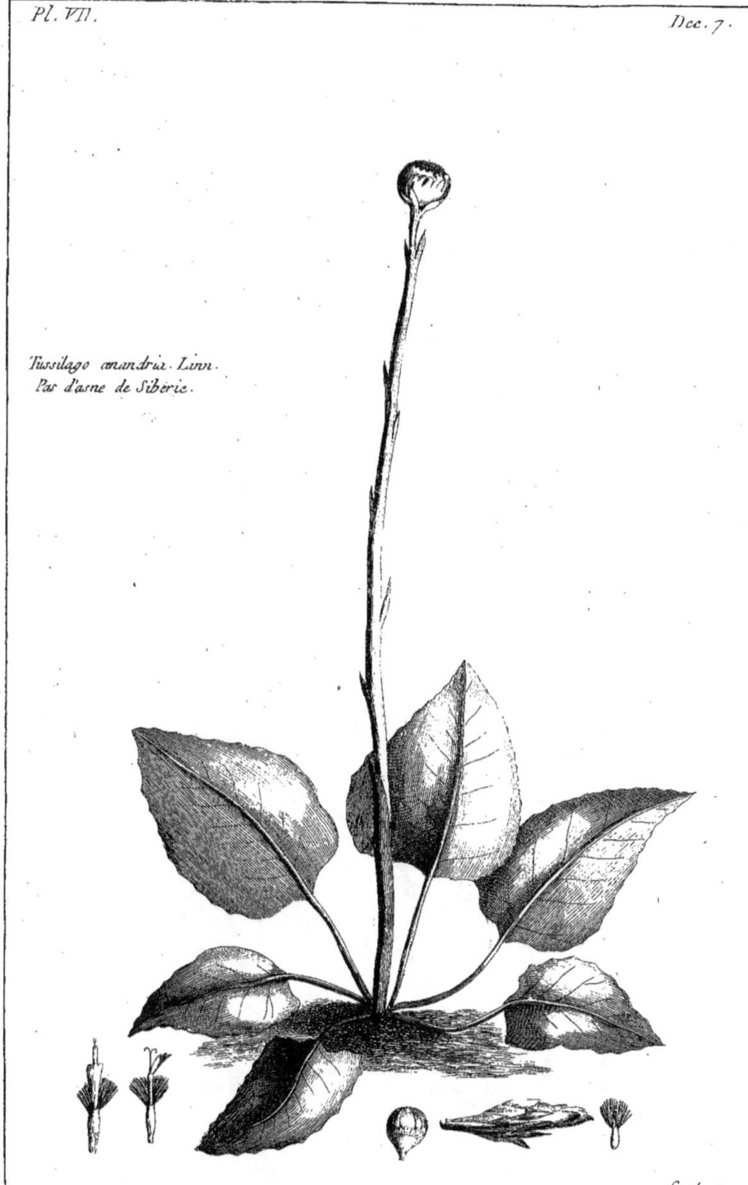

Cont. 10.

Vangelisti Sculp.

Pl. VIII.
Dec. 7.
Cypripedium Calceolus. Linn.
Sabot de marie a fleurs jaunes.
Cent. 10.
Dupin filius Sculp.

Cent. 10.

Dupin filius Sculp.

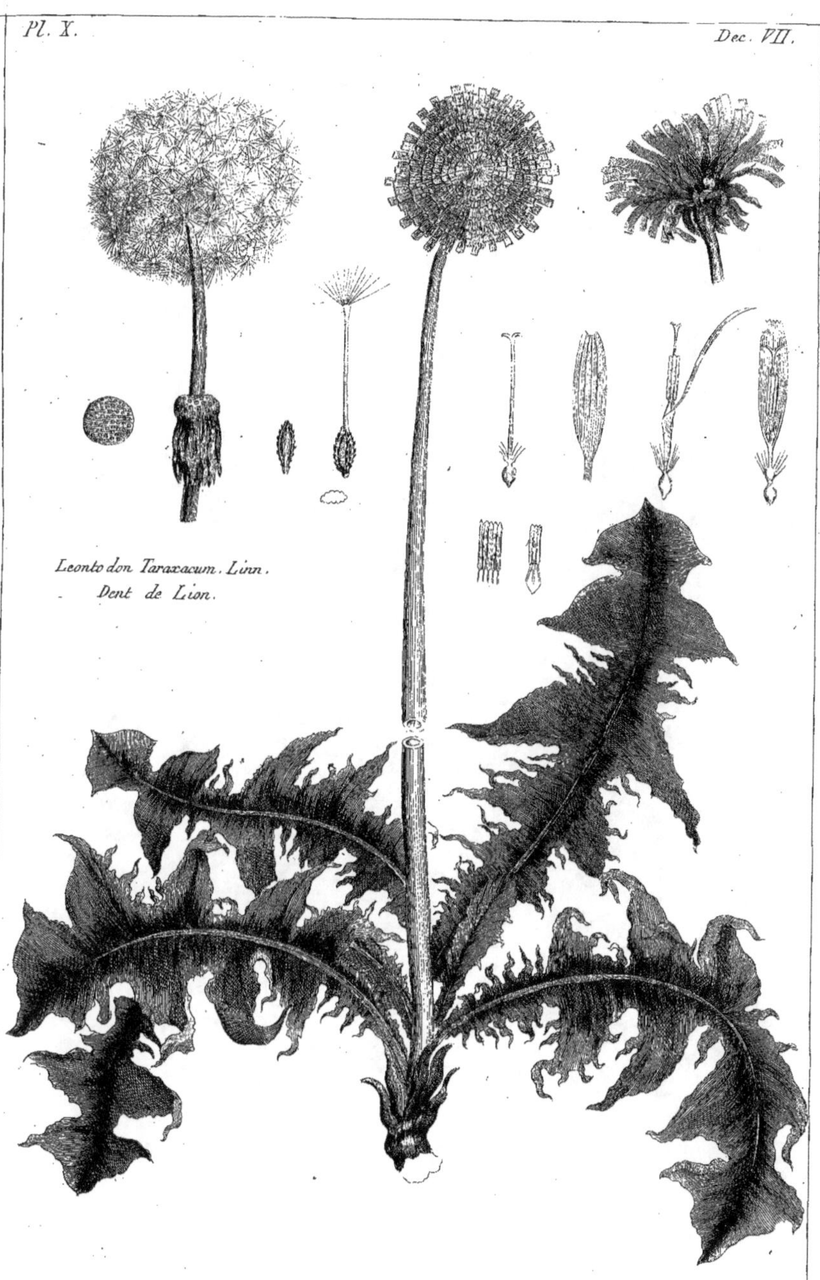
Leonto don Taraxacum. Linn.
Dent de Lion.

Asphodelus ramosus. Linn.
Asphodele rameux a
fleurs Blanches.

Cent. 10.

Cent. 10.

Dupin filius Sculp.

Teucrium Scordium. Linn.
Le Scordium des Boutiques.

Cent. 10.

Dupin filius Sculp.

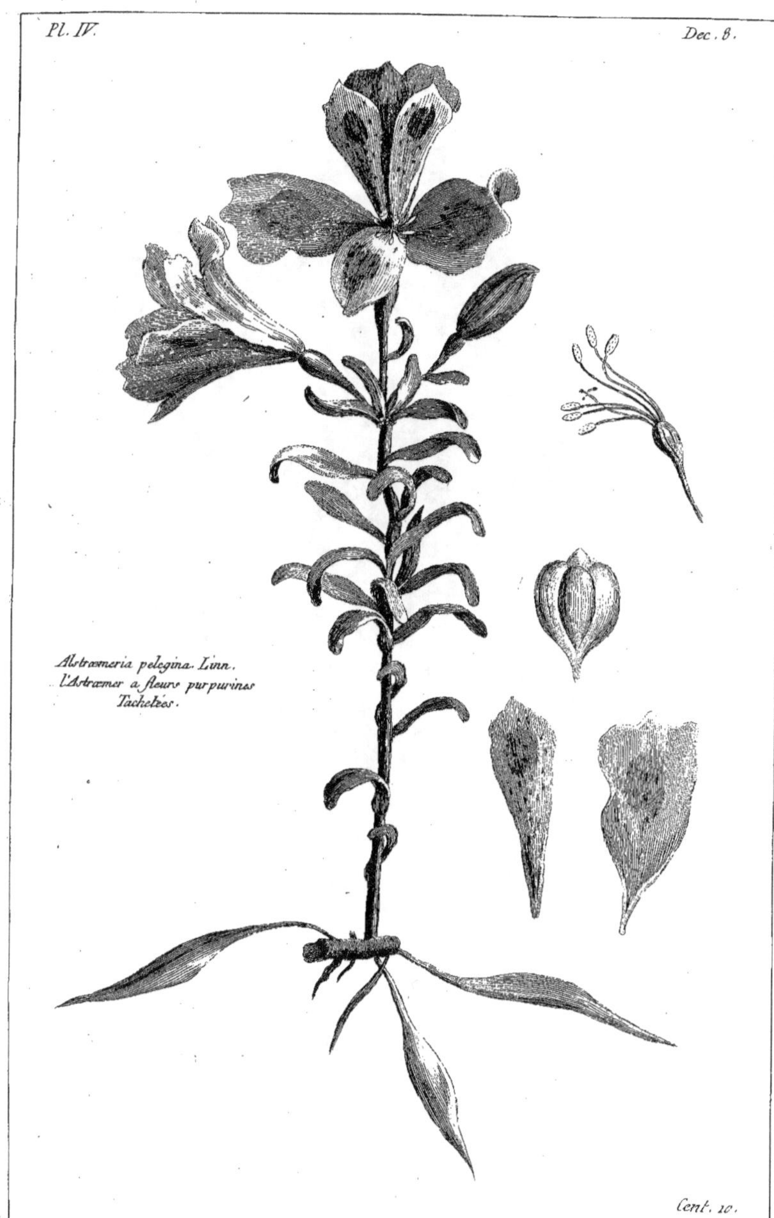

Pl. IV.
Dec. 8.
Alstrœmeria pelegina. Linn.
l'Astrœmer a fleurs purpurines
Tachetées.
Cent. 10.
Dupin filius Sculp.

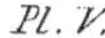

Valeriana tripteris. Linn.
La petite Valeriane des Alpes.

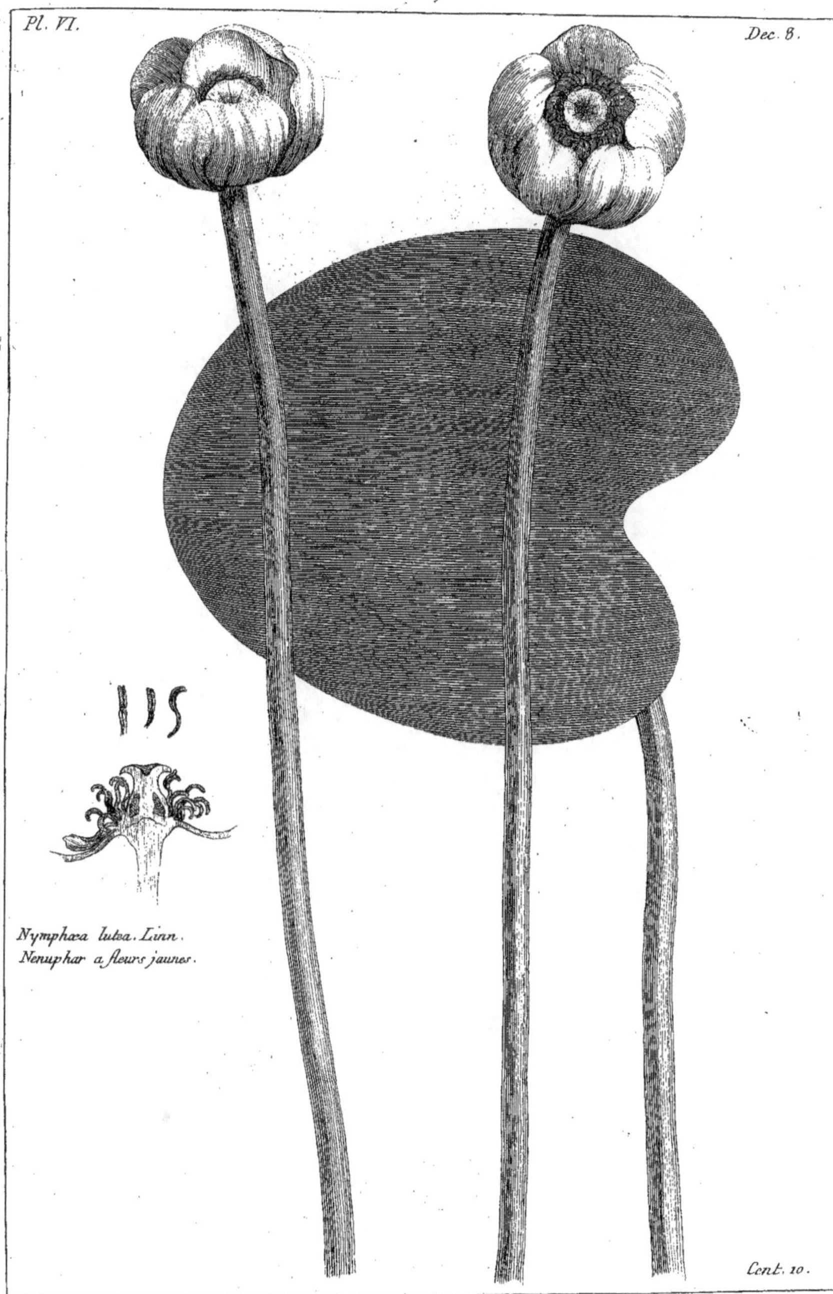

Nymphæa lutea. Linn.
Nenuphar a fleurs jaunes.

Cent. 10.

Dupin filius Sculp.

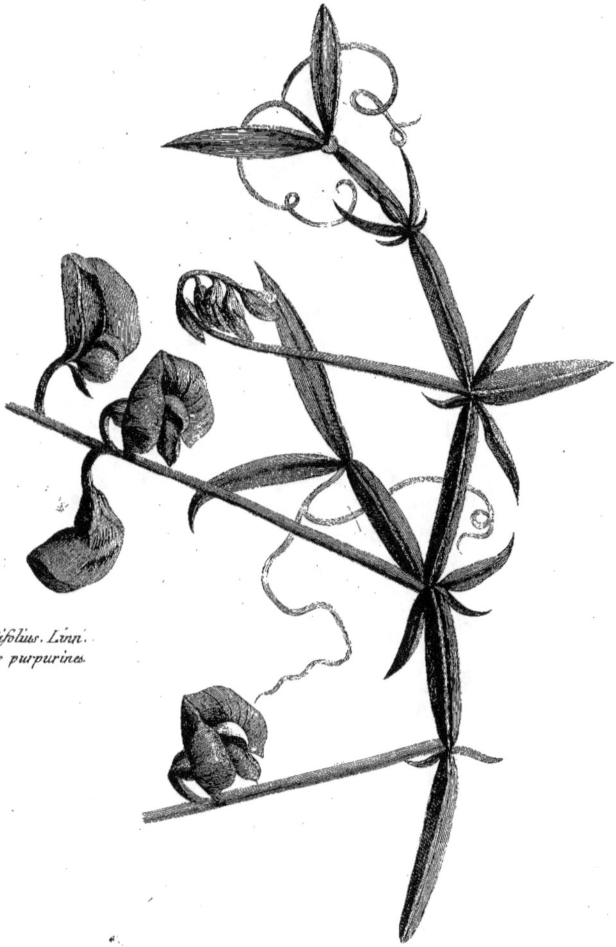

Lathyrus latifolius. Linn.
Lathyre a fleurs purpurines.

Centaurea Cyanus
Linn.
Le Bluet.

Cent. 10.

Rubia Tinctorum. Linn.
. La Garance

Dupin filius Sculp.

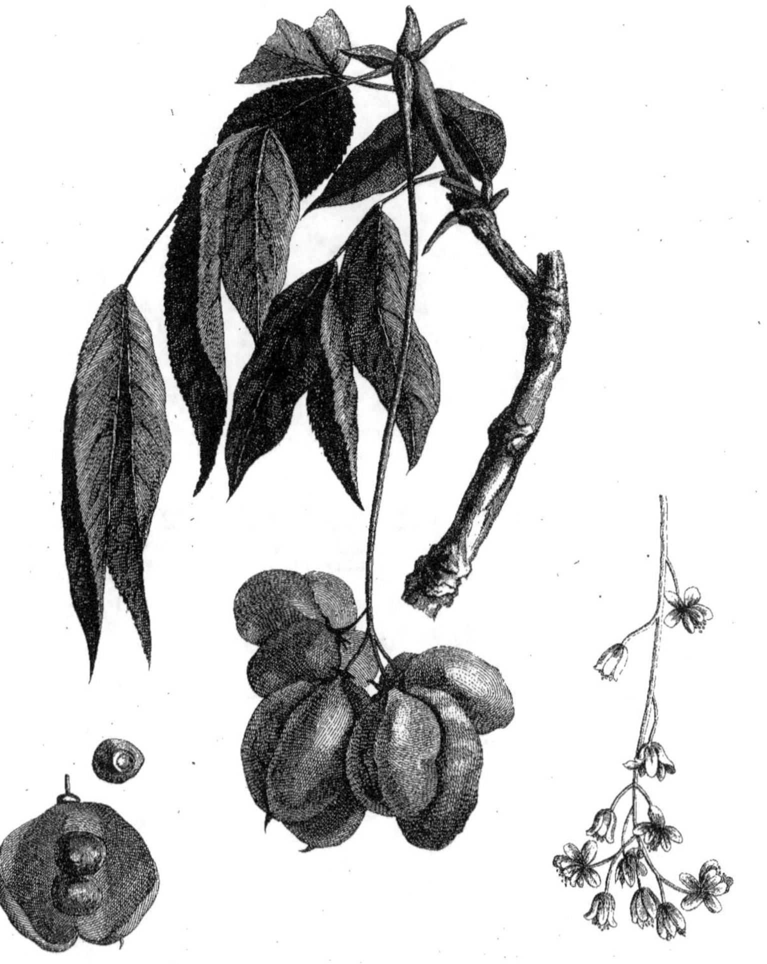

Dupin filius Sculp.

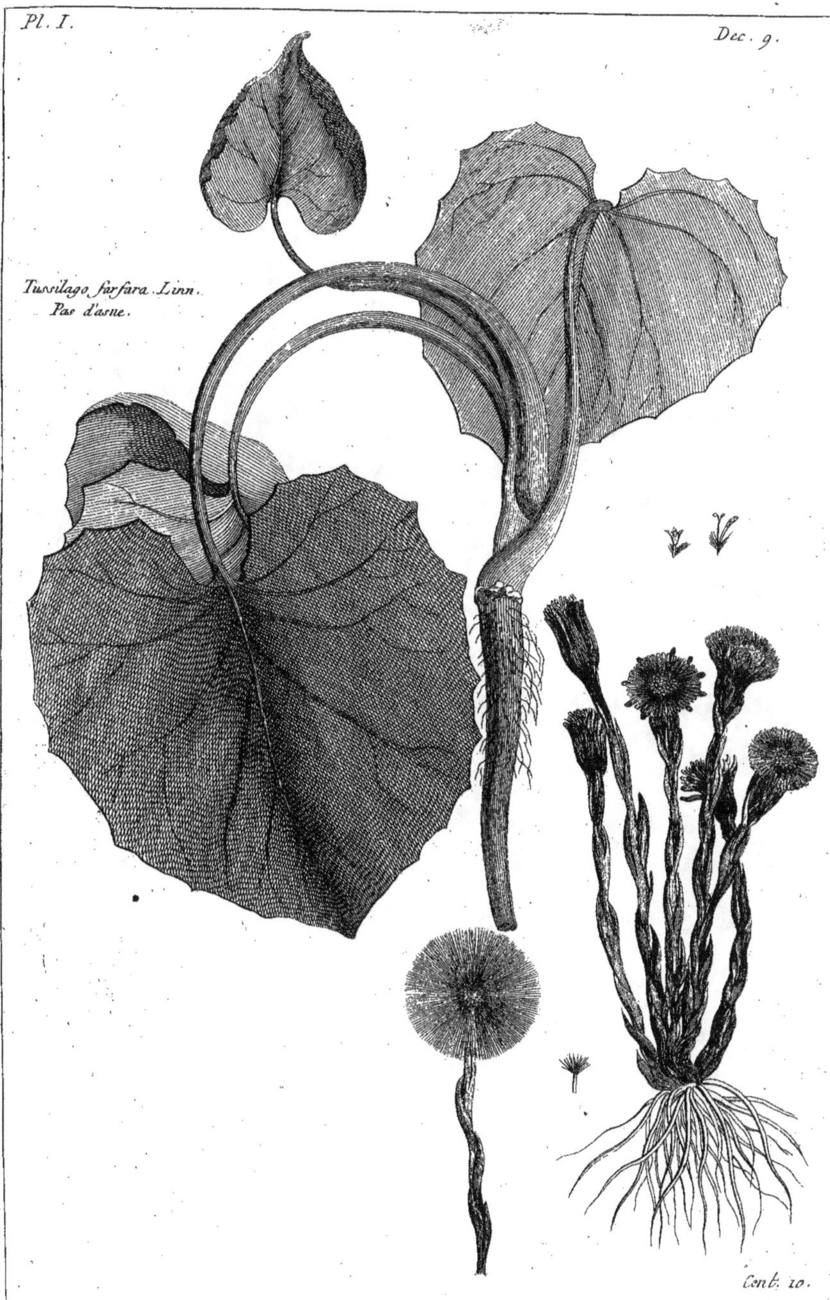

Tussilago farfara. Linn.
Pas d'asne.

Dupin filius Sculp.

Cent. 10.

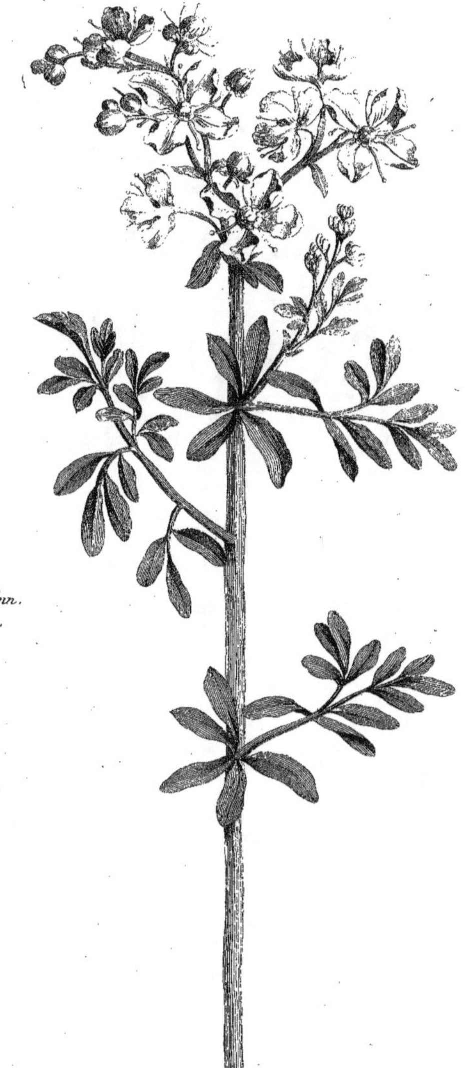

Ruta graveolens. Linn.
Rue des Jardins.

Dupin filius Sculp.

Cent. 10.

Mᵉˡˡᵉ de Sᵗ Suire Pinx.

Dupin filius Sculp.

Pl. IV.

Dec. IX.

Juniperus Sabina. Linn.
Sabine.

Cap. 20.

Dupin filius Sculp.

Ribes grossularia. Linn.
Grosselier epineux.

Dupin filius Sculp.

Colchicum antumnale. Linn.
Colchique d'Automne.

Cent. 10.

Dupin filius Sculp.

Viola odorata. Linn
La Violette Commune.

Dupin filius Sculp.

Lathyrus Clymenum. Linn.
Clymene ou Vesce
d'Espagne.

Cent. 10.

Pl. IX.
Dec. 9.
Arnica montana. Linn.
l'Arnica des Boutiques.
Cent. 10.
Dupin filius Sculp.

Pl. X.
Dec. 9. 
Daphne mezereum. Linn.
Sp. plant. 609.
Bois gentil.
Cent. 10.
Dupin filius Sculp.

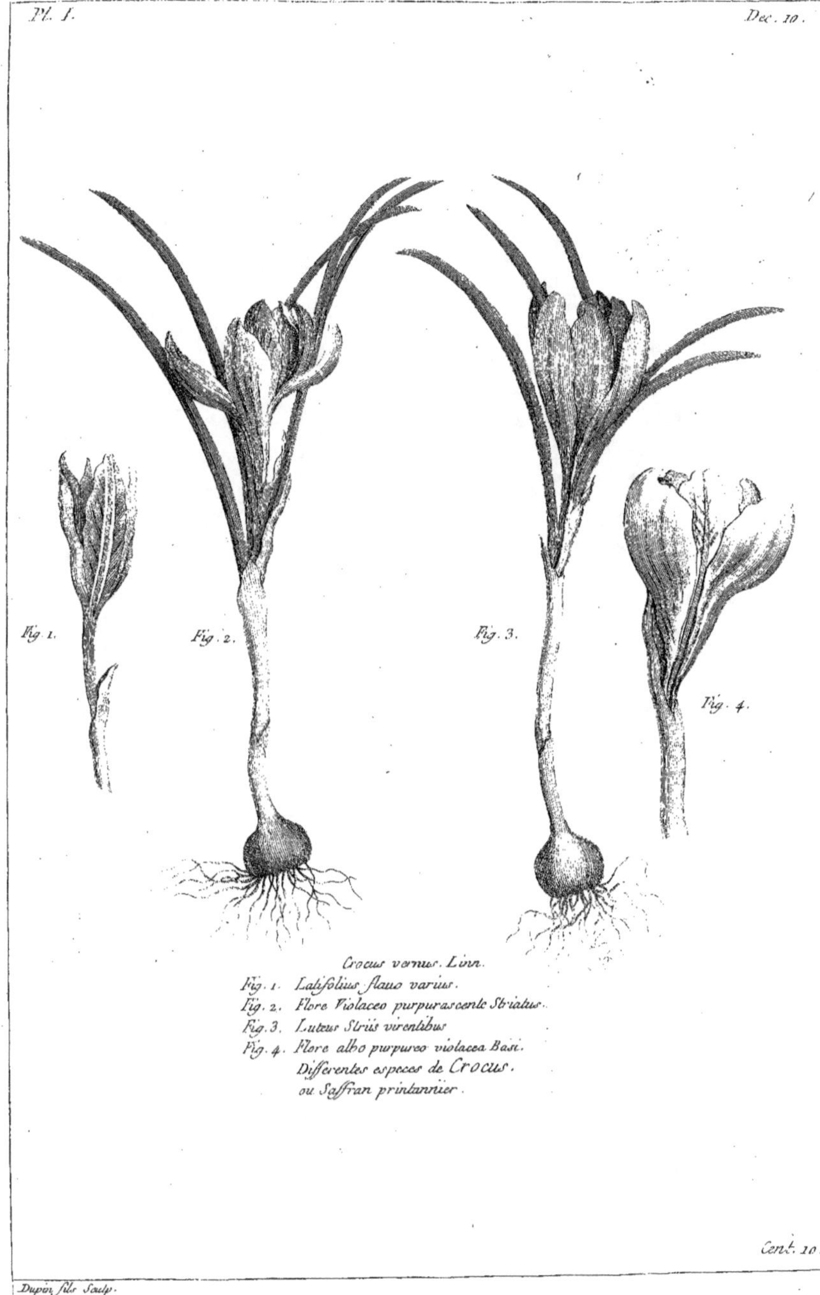

Crocus vernus. Linn.

Fig. 1. Latifolius flauo varius.
Fig. 2. Flore Violaceo purpurascente Striatus.
Fig. 3. Luteus Striis virentibus
Fig. 4. Flore albo purpureo violacea Basi.
Differentes especes de Crocus.
ou Saffran printannier.

Vangelisty Sculp.

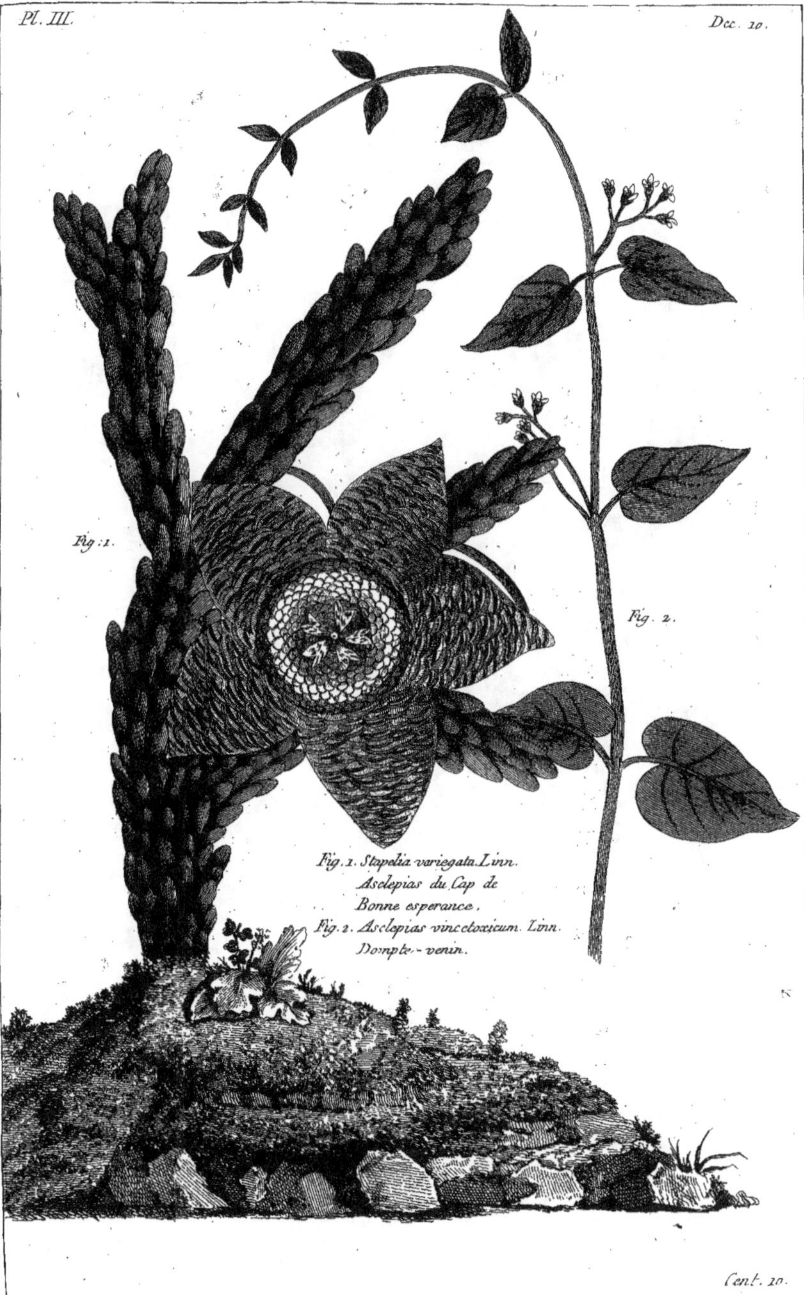

Pl. III.
Dcc. 10.
Fig. 1.
Fig. 2.
Fig. 1. Stapelia variegata. Linn.
Asclepias du Cap de
Bonne esperance.
Fig. 2. Asclepias vincetoxicum. Linn.
Dompte-venin.
Cent. 10.
Dupin filius Sculp.

Pl. IV.
Dec. 10.
Galega Sinapou.
Cent. 10.
Duchesne del.
Dupin filius Sculp.

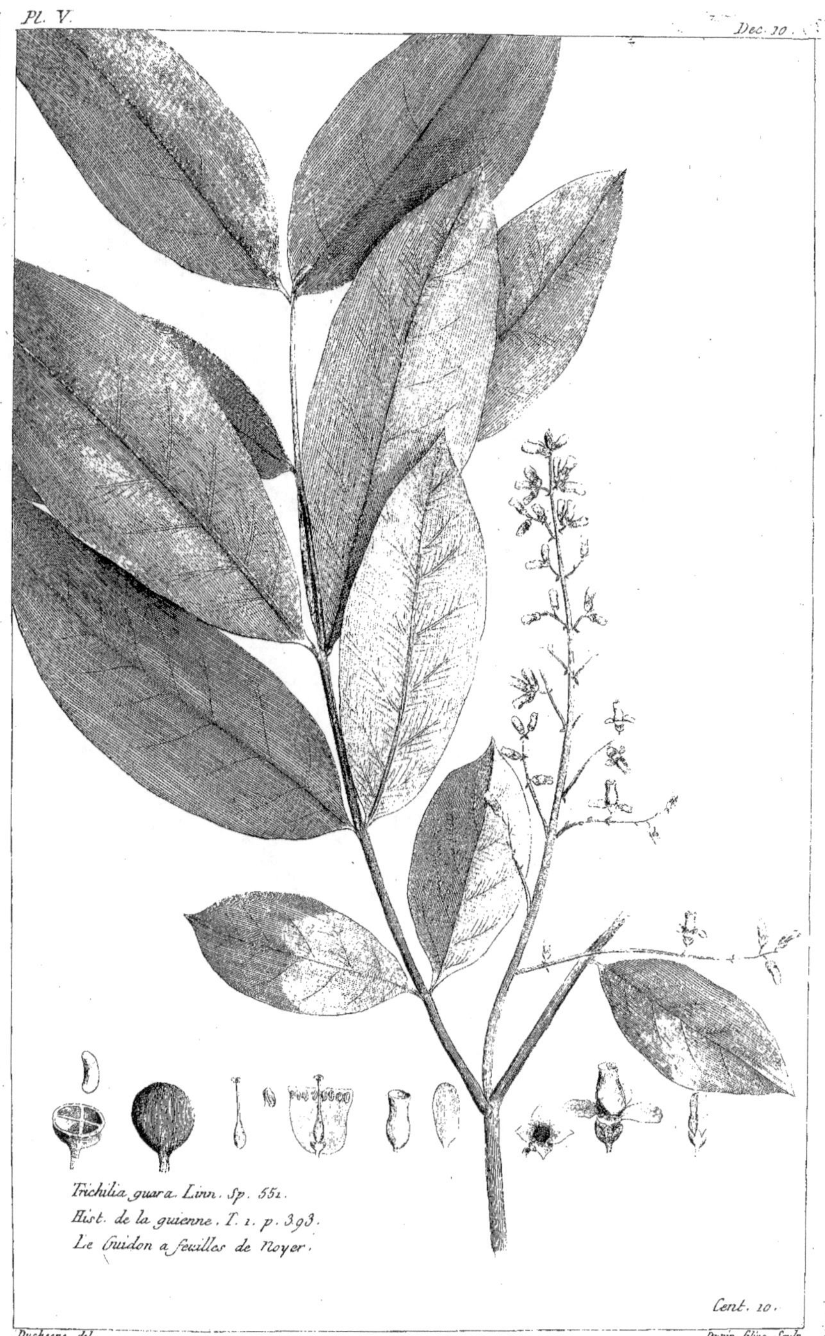

Trichilia guara. Linn. Sp. 551.
Hist. de la guienne. T. 1. p. 393.
Le Guidon a feuilles de Noyer.

Duchesne del.

Dupin filius Sculp.

Pl. VI.
Dec. 10.
Bignonia æquinoctialis. Linn.
La Bignon de Cayenne.
Cent. 10.
Duchesne del.
Dupin fils Sculp.

Banisteria Angulosa. Linn.
La Banister anguleuse.

Cent. 50.

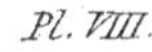

Plumieria obtusa. Linn. Sp. 307.
La Plumier a fleurs Blanches
et a feuilles obtuses.

Cent. 10.

Duchesne del.

Dupin filius Sculp.

M.elle de St. Suire Pinx.

Dupin filius Sculp.

Gundelia Tournefortii. Linn. Sp. 1315.
La Gondelle orientale.
Dec. 10.
Dupin filius Sc.
Cent: 10

HISTOIRE
UNIVERSELLE
DU RÈGNE VÉGÉTAL.

HISTOIRE
UNIVERSELLE
DU RÈGNE VÉGÉTAL,

OU

NOUVEAU DICTIONNAIRE

PHYSIQUE ET ÉCONOMIQUE

DE TOUTES LES PLANTES QUI CROISSENT SUR LA SURFACE DU GLOBE:

CONTENANT leurs noms Botaniques & Triviaux dans toutes les Langues, leurs claſſes, leurs Familles, leurs Genres & leurs Eſpèces ; les endroits où on les trouve le plus communément ; leur culture ; les animaux auxquels elles peuvent ſervir de nourriture ; leurs analyſes chymiques ; la manière de les employer pour nos alimens, tant ſolides que liquides ; leurs propriétés, non-ſeulement pour la Médecine des hommes, mais encore pour celle des animaux ; les doſes & la manière de les formuler, & les différens uſages pour leſquels on peut s'en ſervir dans les Arts & Métiers, &c. &c. &c.

ON y a joint une Bibliothèque raiſonnée de tous les livres de Botanique ; l'explication des différens termes uſités dans cette partie de l'Hiſtoire Naturelle ; une notice de tous les ſyſtêmes, & enfin la liſte des Profeſſeurs & des Jardins Botaniques de l'Europe.

Ouvrage orné de 1100 Planches gravées en taille-douce par les meilleurs Maîtres, & deſſinées d'après nature.

Par M. BUC'HOZ , Docteur en Médecine, Médecin Botaniſte de Monſeur, frère du Roi, & Médecin de Quartier Surnuméraire de ſa Maiſon, ancien Médecin de quartier de Monſeigneur le Comte d'Artois, & Médecin ordinaire de feu Sa Majeſté le Roi de Pologne, Aggrégé au Collège Royal & à la Faculté de Médecine de Nancy, Aſſocié des Académies de Mayence, de Châlons, d'Angers, de Dijon, de Béziers, de Caën, de Bordeaux & de Metz, Correſpohdant de celles de Rouen & de Toulouſe ; Membre de la Société Royale d'Agriculture de Rouen.

TOME ONZIEME DES PLANCHES.

A PARIS,

Chez BRUNET, Libraire, rue des Écrivains, vis-à-vis le Cloître Saint-Jacques-la-Boucherie.

M. DCC. LXXVI.

Avec Approbation, & Privilége du Roi.

Pl. I.
Dec. I.
Amaryllis formosissima.
Linn. Sp. pl. 420.
Lis de St. Jacques.
Millier. II.
Cent. 1.
Dupin filius Sculp.

Pl. II.
Dec. 1.
Tussilago petasites. Linn.
Sp. plant. 1215.
Le Petasite.
Mill. II.
Cent. 1.
Dupin filius Sculp.

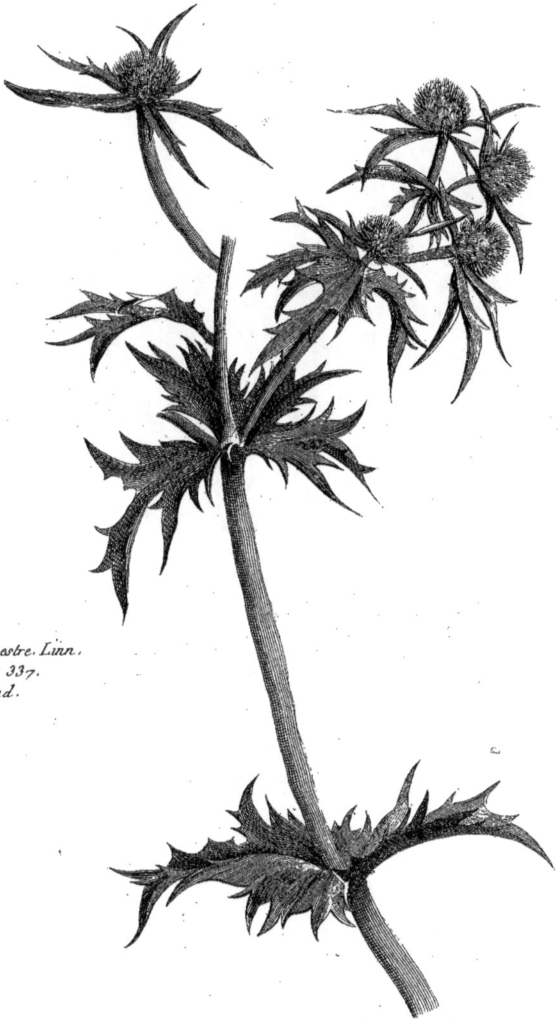

Dupin filo Sculp.

Pl. IV.
Dec. 1.
Tribulastrum affricanum. d. Lippi.
Tribulastre d'affrique.
Mill. II.
Cent. 1.

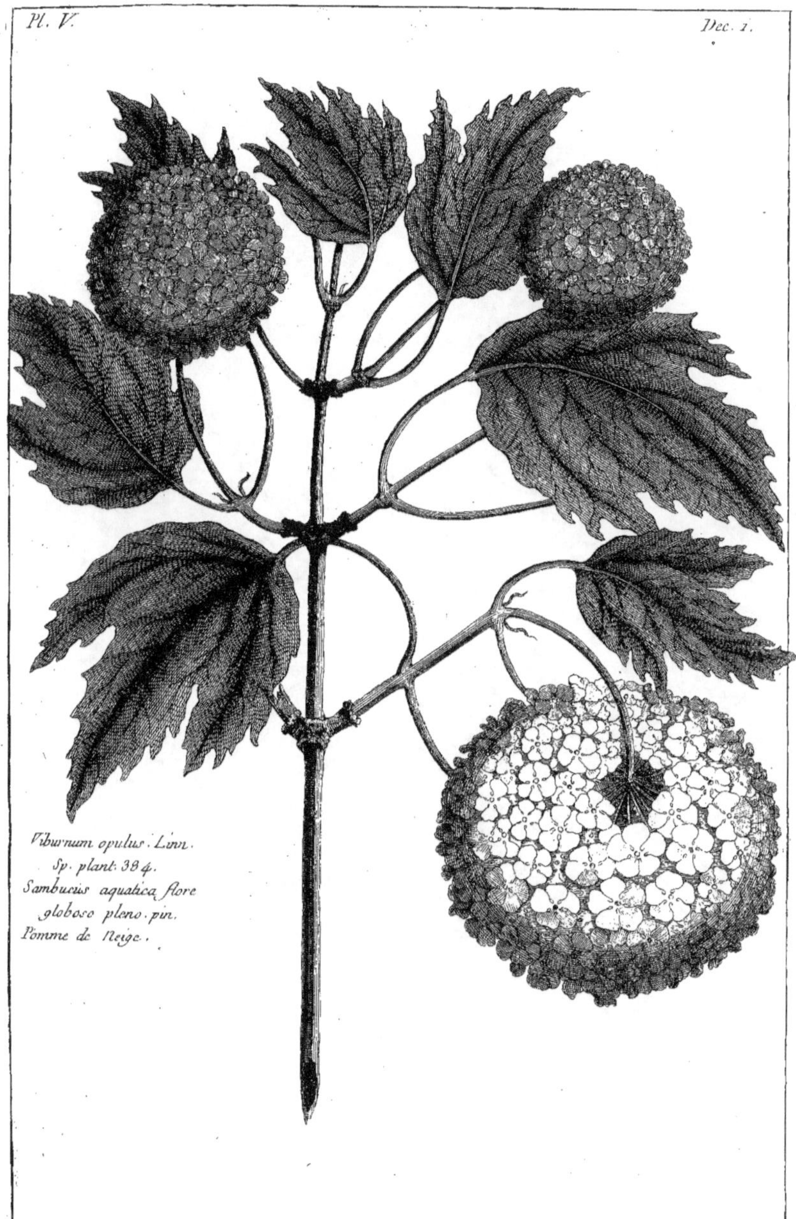

Pl. V.
Dec. 1.
Viburnum opulus. Linn.
Sp. plant. 384.
Sambucis aquatica flore
globoso pleno. pin.
Pomme de Neige.
Mill. II.
Dec. 1.
Dupin filius Sculp.

Dictamnus albus. Linn.
Sp. plant. 548.
Fraxinelle a fleurs Blanches.

Dupin filius Sculp.

Mill. II.

Dupin filius Sculp.

Dupin filius Sculp.

Papaver orientale.
Linn. Sp. plant. 727.
Pavot du levant—de
Tournefort.

Mill. II.

Cent. 1.

Dupin filius Sculp.

Dupin filius Sculp.

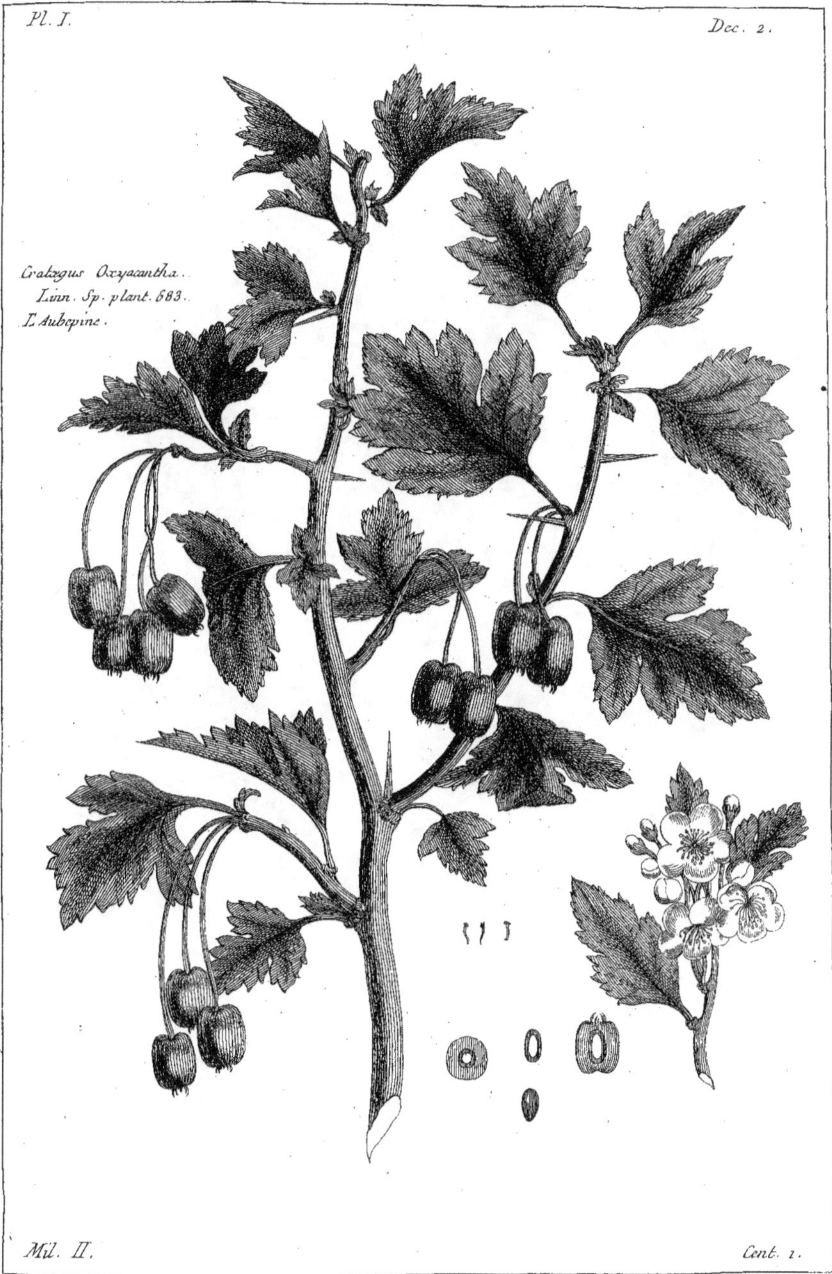

Dupin filius Sculp.

Dupin filius Sculp.

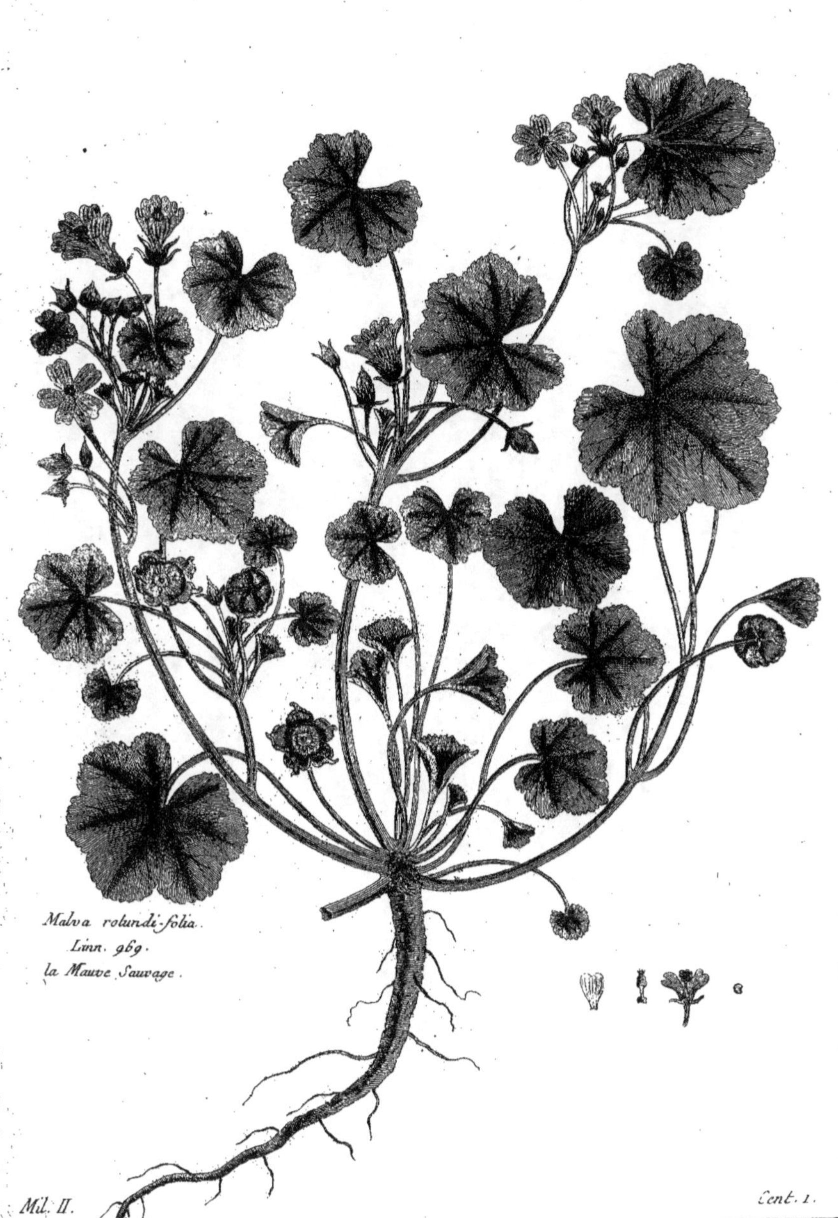

Malva rotundi-folia.
Linn. 969.
la Mauve Sauvage.

Dupin filius Sculp.

Centaurea Calcitrappa. Linn.
Sp. plant. 1297.
Chardon etoillé.

Mill. II.

Cont. 1.

Dupin filius Sculp.

Dupin filius Sculp.

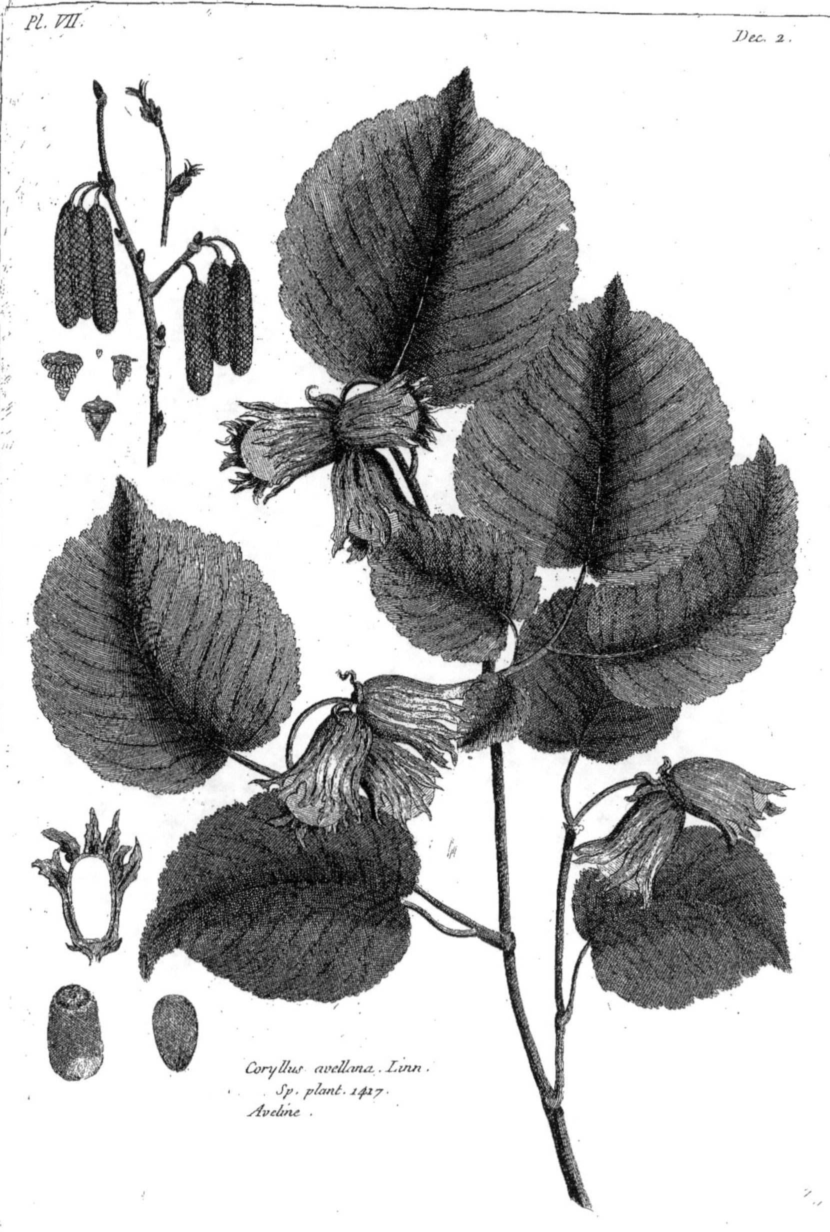

Coryllus avellana. Linn.
Sp. plant. 1417.
Aveline.

Dupin filius Sculp.

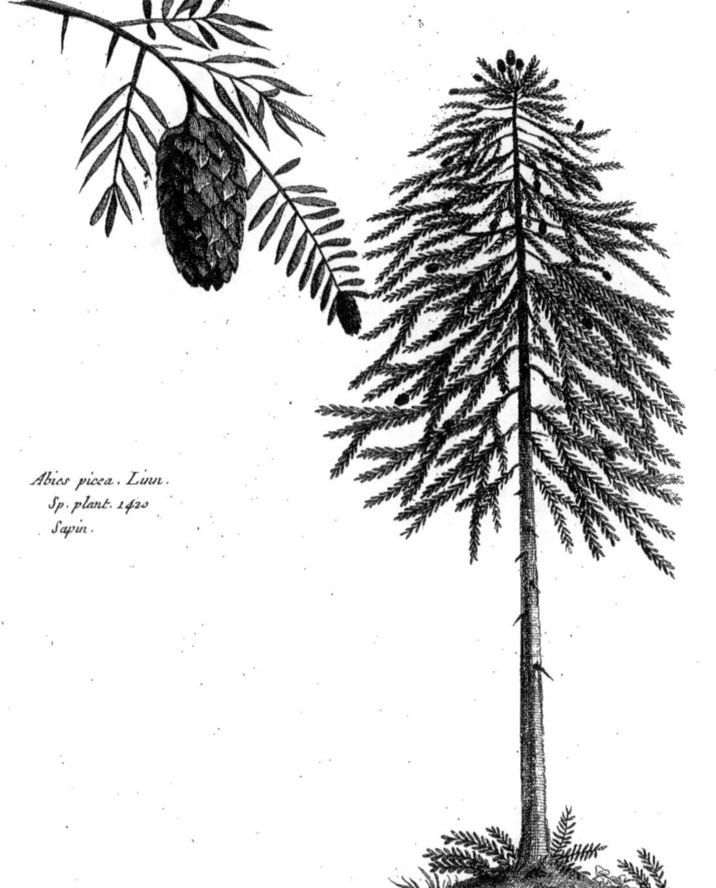
Abies picea. Linn.
Sp. plant. 1420
Sapin.

Dupin filius Sculp.

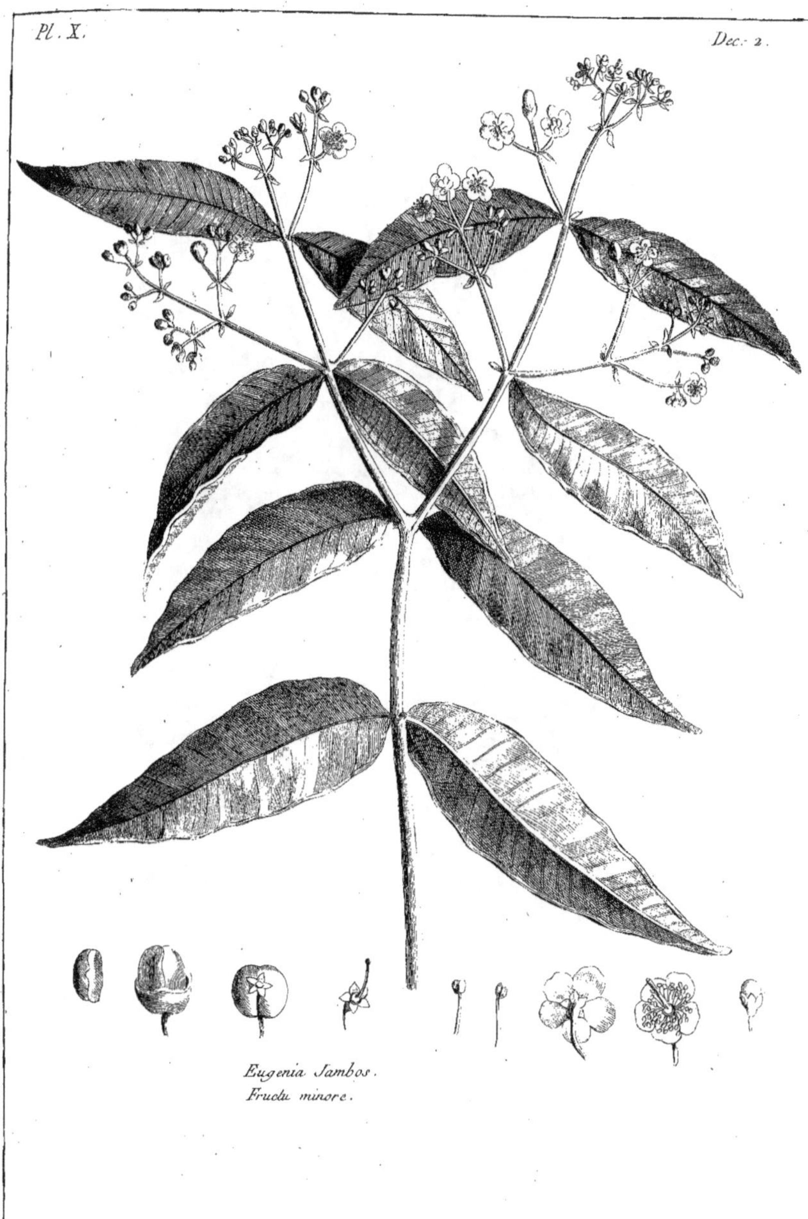

Eugenia Jambos.
Fructu minore.

Dupin filius Sculp.

Pl. I.
Dec. 3.
Epidendrum vanilla.
Linn Sp. plant. 1347.
Vanille.
Mil. II.
Cent. 1.
Dupin filius Sculp.

Mill. II.

Cent. 1.

Dupin filius Sculp.

Dupin filius Sculp.

Dupin filius Sculp.

Mill. II.

Cent. 1

Dupin filius Sculp.

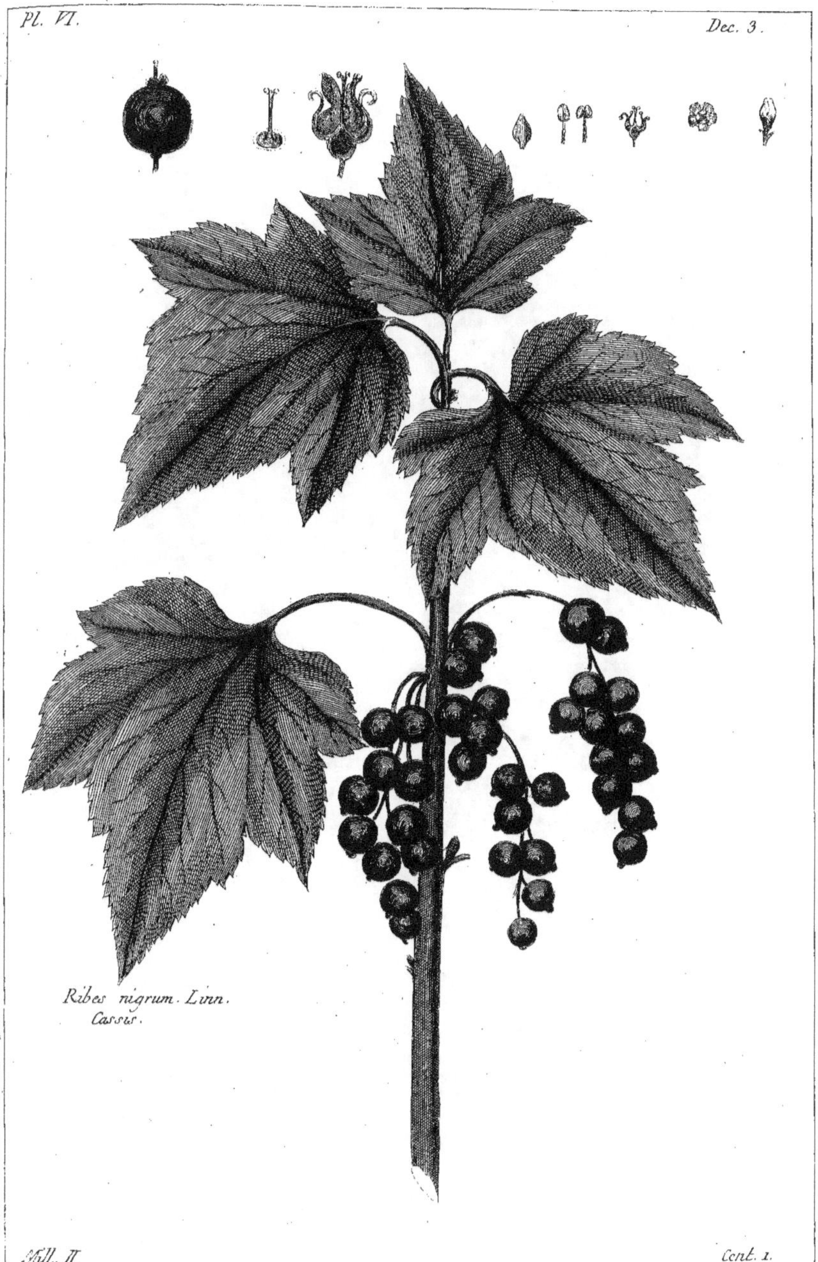

Ribes nigrum. Linn.
Cassis.

Dupin filius Sculp.

Pl. VII.
Dec. 3.
Filix Villosa minor
pinnulis profunde dentatis.
Petite fougere veluë.
Mill. II.
Cent. 1.
Dupin filius Sculp.

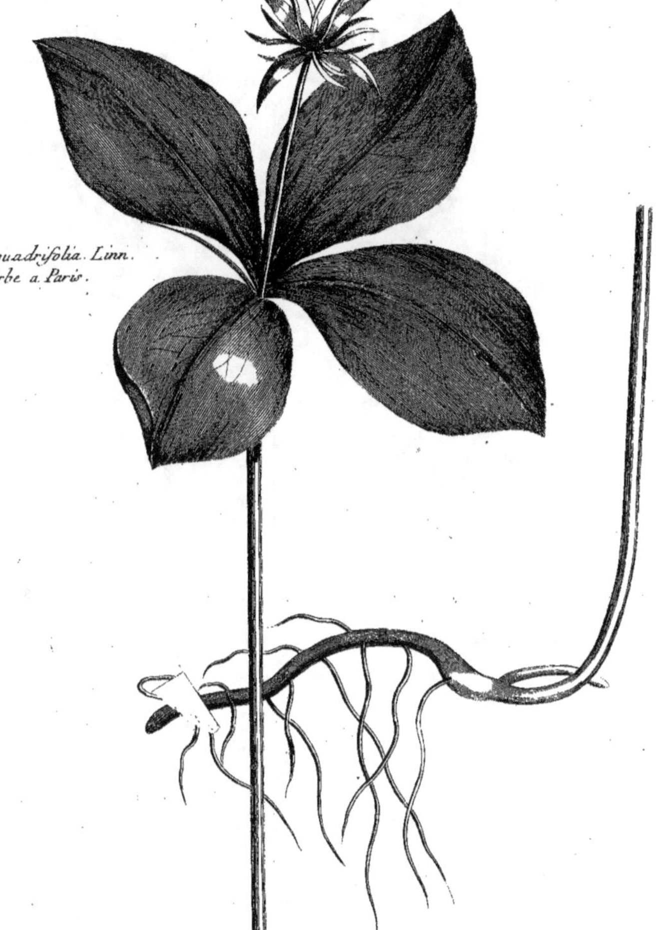

Dupin filius Sculp.

Dupin filius Sculp.

Dupin filius Sculp.

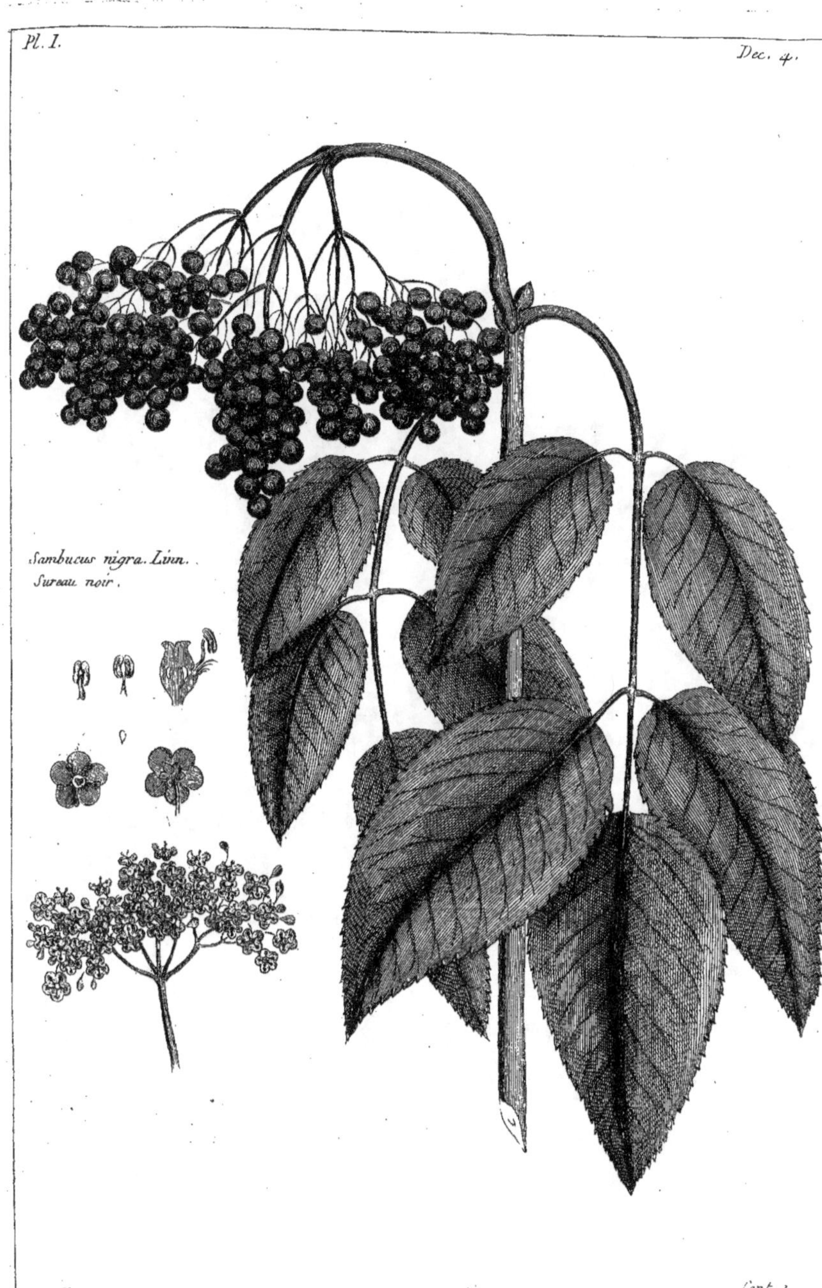

Dupin filius Sculp.

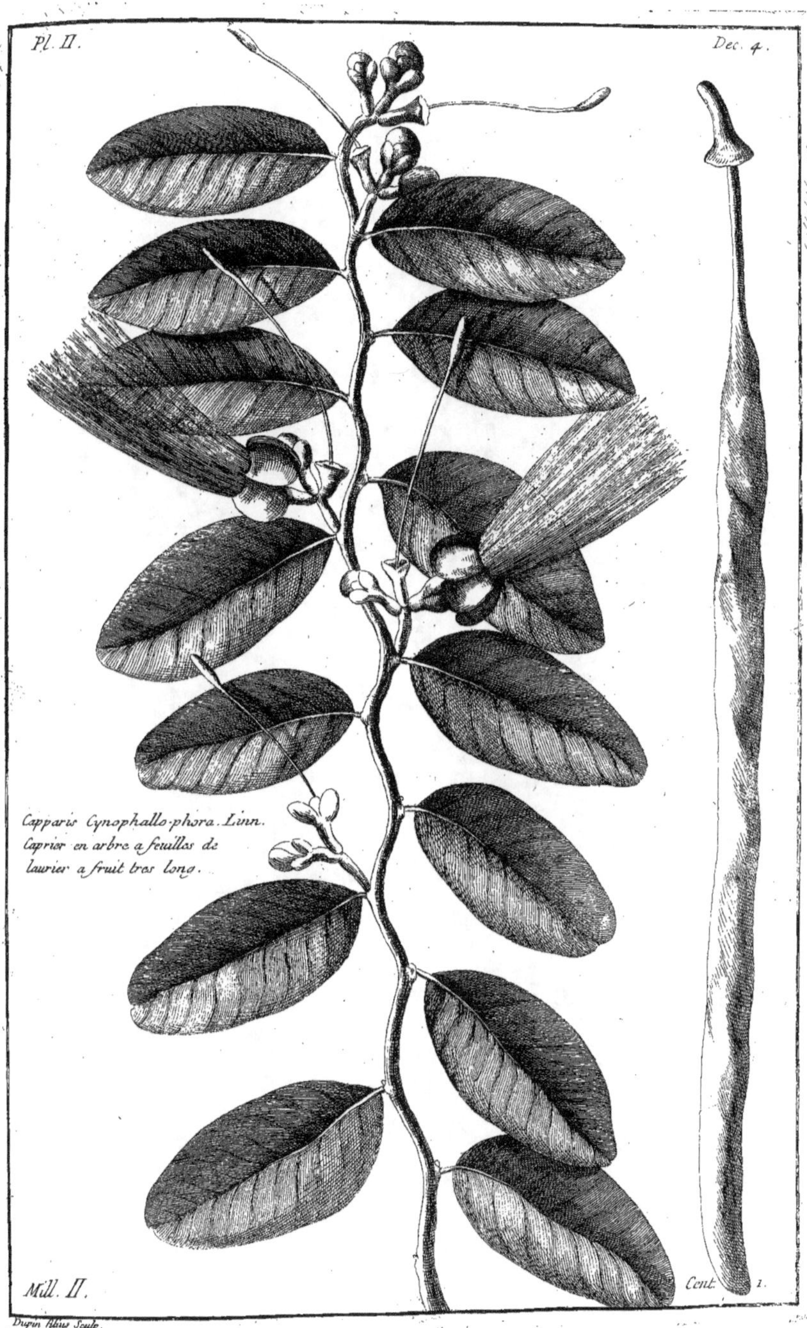

Pl. II.
Dec. 4.
Capparis Cynophallo-phora. Linn.
Caprier en arbre a feuilles de
laurier a fruit tres long.
Mill. II.
Cent. 1.
Dupin filius Sculp.

Dupin filius Sculp.

Mill. II.

Cent. 1.

Dupin filius Sculp.

Pl. V.
Dec. 4.
Bignonia leucoxylon. Linn.
Bois d'ebeine vert des Habitans
de Caïenne.
Mil. II.
Cent. 1.
Dupin filius Sculp.

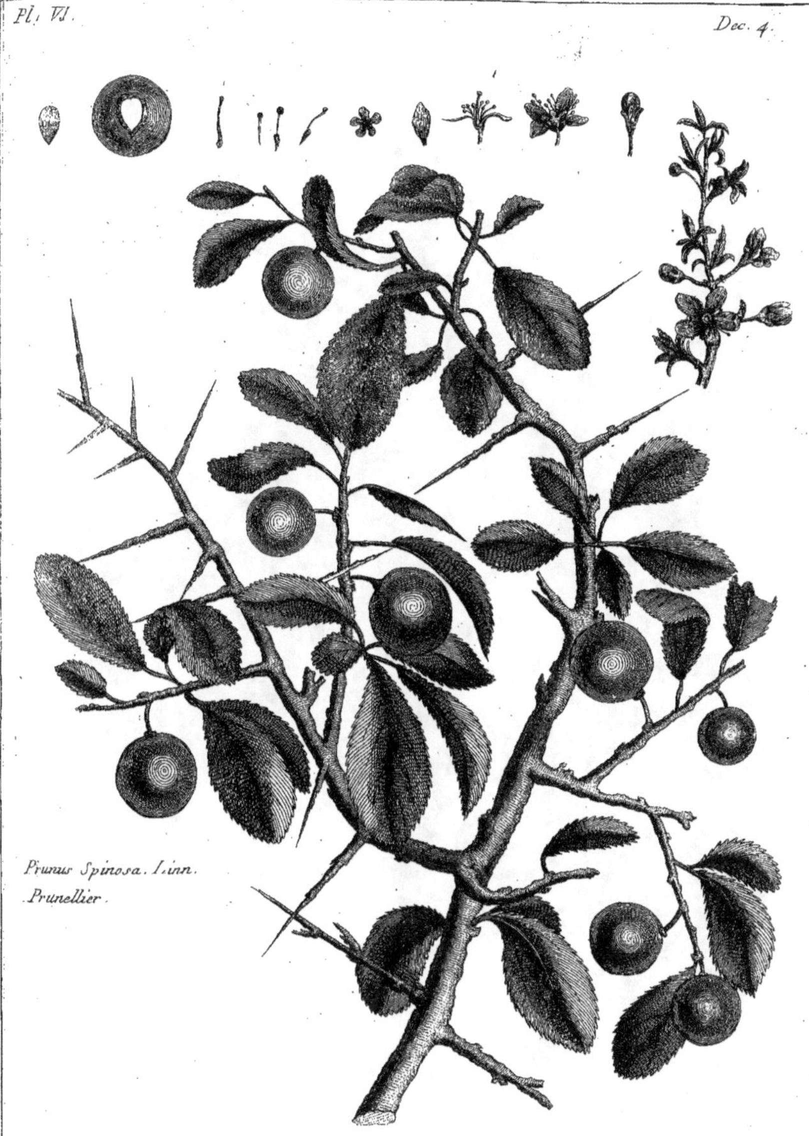

Dupin fillius Sculp.

Dupin filius Sculp.

Mill. II.

Cent. 1.

Dupin filius Sculp.

Pl. IX.
Dec. 4.
Humulus Lupulus Linn.
Houblon.
Mill. II.
Cent. 1
Dupin filius Sculp.

Pl. X.
Dec. 4.
Lythrum Salicaria. Linn.
la Salicaire.
Mill. II.
Cont. 1.
Dupin filius Sculp.

Pl. I.
Dec. 5. 
Lupinus angustifolius.
Lupin d'espagne a fleurs Bleues.
Mill. II.
Cent. 1.
Dupin filius Sculp.

Dupin filius Sculp.

Pl. III.
Dec. 5.
Echium Vulgare. Linn.
Vipérine.
Mill. II.
Cent. 1.
Dupin filius Sculp.

Dupin filius Sculp.

Carthamus lanatus. Linn.
Atractylis jaune.

Dupin filius Sculp.

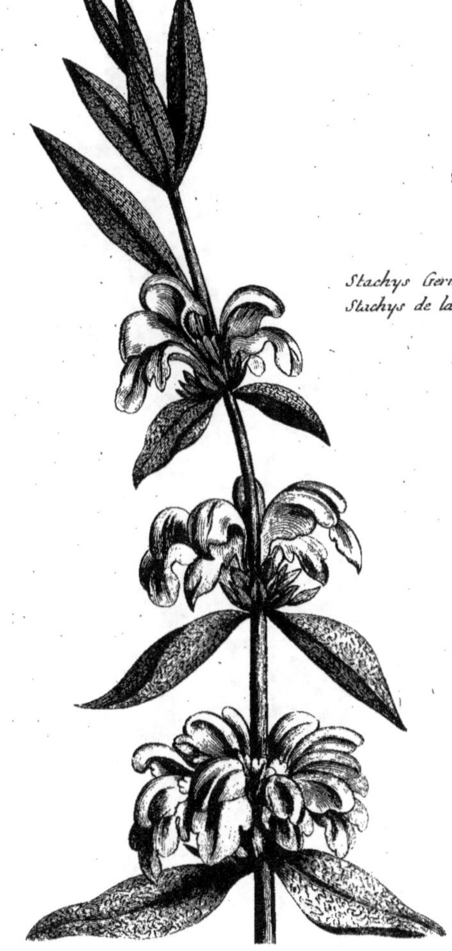

Dupin filius Sculp.

Pl. VII.
Dec. 5.
Melampyrum Sylvaticum. Linn.
Melampire des Bois.
Mil. II.
Cent. 1.
Dupin filius Sculp.

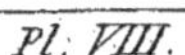

Dupin filius Sculp.

Dupin filius Sculp.

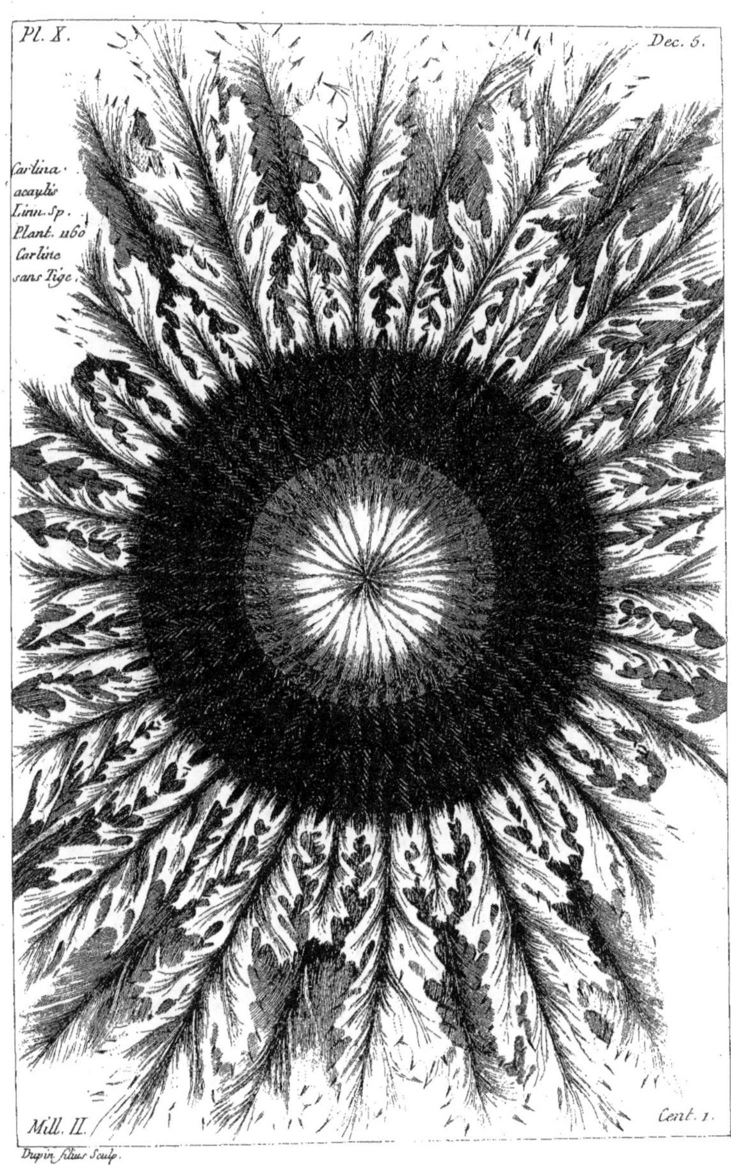
Pl. X.
Dec. 5.
Carlina
acaulis
Linn. Sp.
Plant. 1160
Carline
sans Tige.
Mill. II.
Cent. 1.
Dupin filius Sculp.

Pl. I.
Dec. 6.
Copianthus Indica.
Hil. Dec. Tom. 1.
Copianthe des Indes.
Mil. II.
Cent. 1.
Dupin filius Sculp.

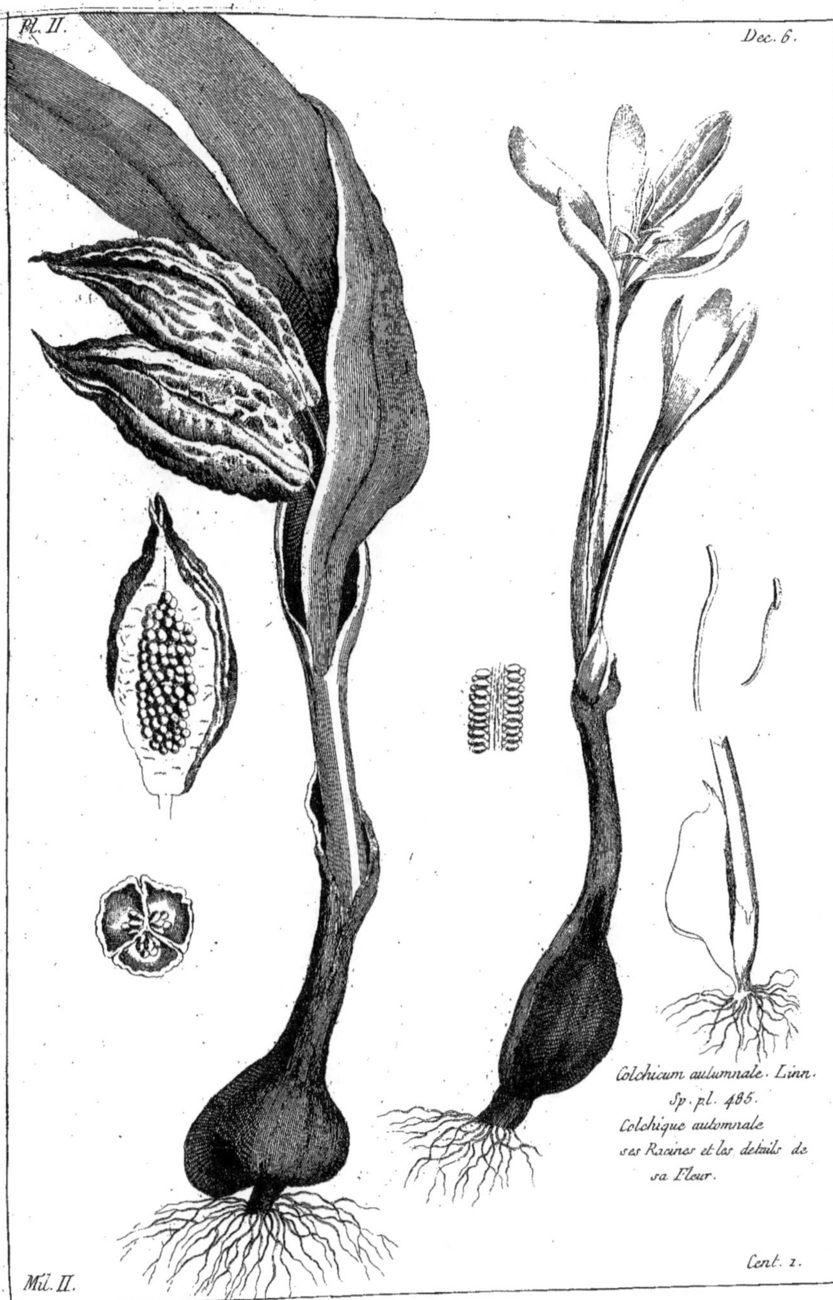

Pl. II.
Dec. 6.
Colchicum autumnale. Linn.
Sp. pl. 485.
Colchique automnale
ses Racines et les détails de
sa Fleur.
Mil. II.
Dupin filius Sculp.
Cent. 2.

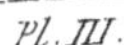

Buxus balearicus
h. reg. trian.
Bouis de l'Isle de minorque.

Mil. II.

Dupin filius Sculp.

Agelle de St. Snire pinx.

cent. 1.

Pl. IV.
Dec. 6.
Amaranthus tricolor. Linn.
Sp. pl. 1403.
Amaranthe a feuilles
panachées.
Mil. II.
Cent. 1.
Mlle De St Suire pinx.
Dupin filius Sculp.

Pæonia flore Symplici rubro.
Pivoine representée avec les
parties de sa fructification.

Cent. 1.

Mil. II.
Dupin filius Sculp.

Dupin filius Sculp.

Dupin filius Sculp.

Pl. VIII.
Dec. 6.
Ceropegia Candelabrum.
Linn. Sp. plant. 309.
Niota-Niodem-Valli.
Mil. II.
Dupin filius Sculp.
Cent. 1.

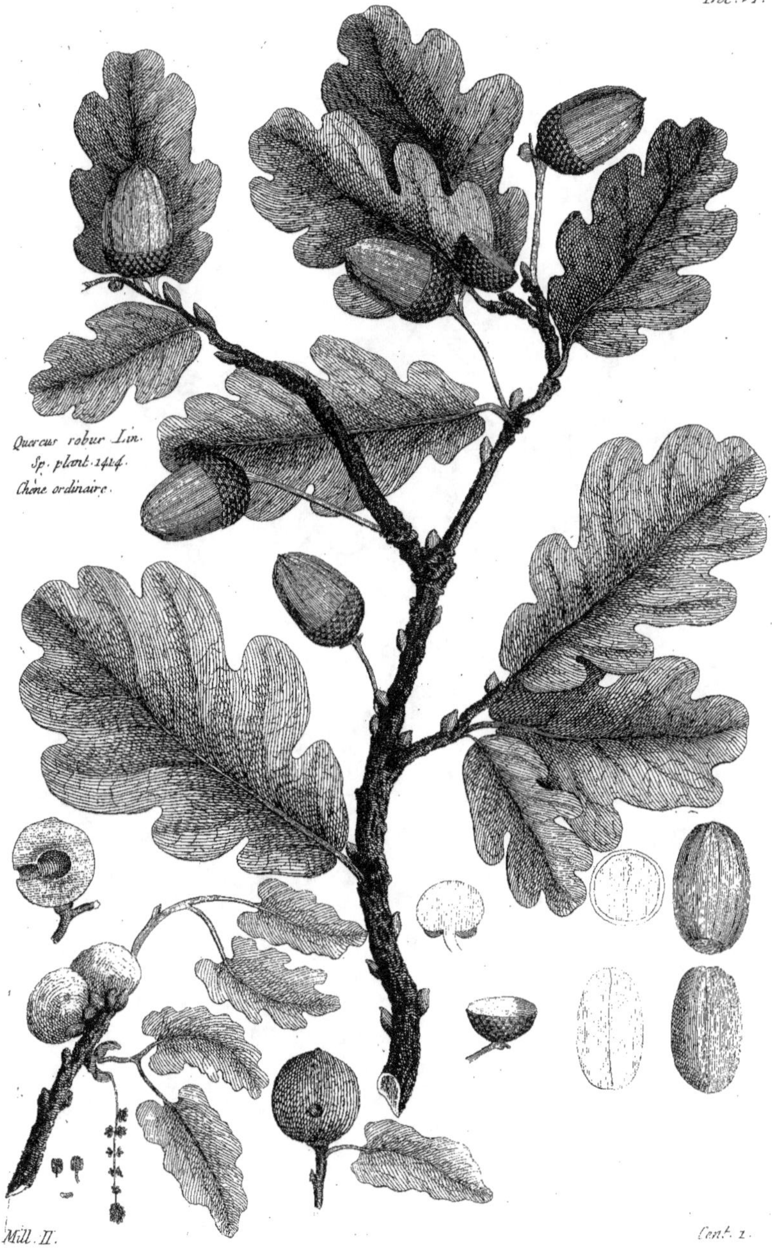

Pl. IX.
Dec. VI.
Quercus robur Lin.
Sp. plant. 1414.
Chene ordinaire.
Mill. II.
Cent. 1.
Dupin filius Sculp.

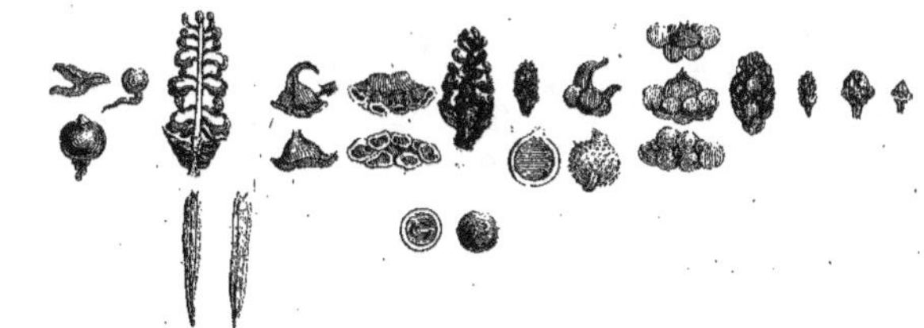

Juniperus Communis.
Linn. Sp. plant. 1470.
Genevrier commun.

Dupin filius Sculp.

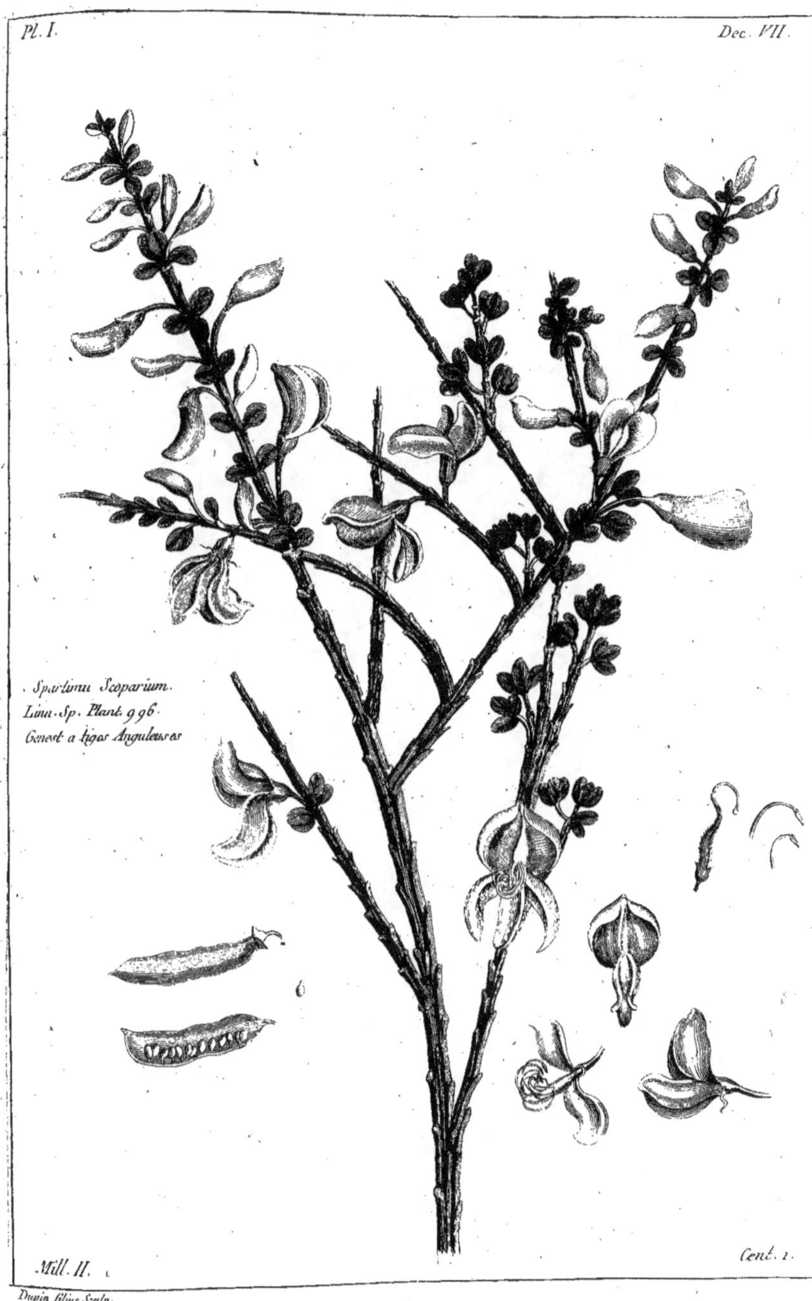

Pl. I.
Dec. VII.
Spartium Scoparium.
Linn. Sp. Plant. 996.
Genest a tiges Anguleuses
Mill. II.
Cent. 1.
Dupin filius Sculp.

Dupin filius Sculp.

Matricaria parthenium.
Linn. Sp. plant. 1255.
Matricaire Commune.

Pl. IV.
Dec. 7.
Saxifraga Stellaris. Linn.
Sp. Plant. 572.
Sanicle Myositique a fleurs Blanches
Mill. II
Cent. 1.
Dupin filius Sculp.

Pl. V.
Dec. 7.
Ononis natrix. Linn.
Sp. plant. 1008.
Arrete Boeuf a fleurs Jaunes
Mill. II.
Dupin filius Sculp.
Cent. 1.

Dupin filius Sculp.

Anemone nemorosa. Linn.
Sp. plant. 762.
Renoncule des Bois.

Melampyrum Arvense Linn.
Sp. plant. 842.
Bled de Vache.

Conyza Squarrosa. Linn.
Sp. plant. 1205.
La Grande Conyze.

Dupin filius Sculp.

Dupin filius Sculp.

Pl. I.
Dec. VIII.
Cyperus Culmo nudo, umbella foliosa,
pedunculis floriferis è singulis
foliorum alis prodeuntibus.
B. de Jussieu.
Souchet de Madagascar.
Mill. II.
Cent. 1.
Dupin filius Sculp.

Dupin filius Sculp.

Pl. III.
Dec. VIII.
Betula nana. Linn.
Bouleau de Laponie.
Mill. II.
Cent. 1.
Dupin filius Sculp.

Lycium barbarum. Linn.
Sp. plant. 277.
Jasminoide de la Chine.

Dupin filius Sculp.

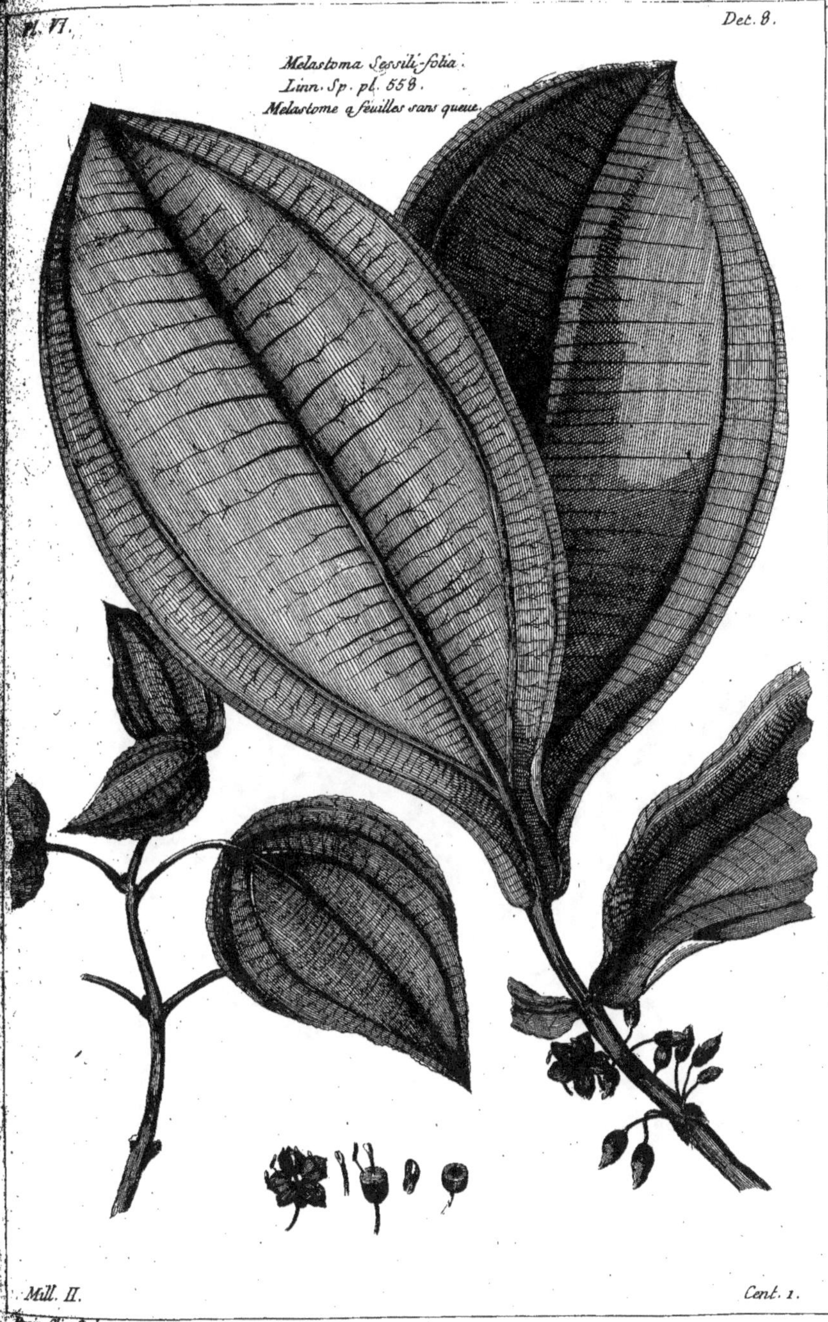
N. VI.
Dec. 8.
Melastoma Sessili-folia.
Linn. Sp. pl. 558.
Melastome a feuilles sans queue.
Mill. II.
Cent. 1.

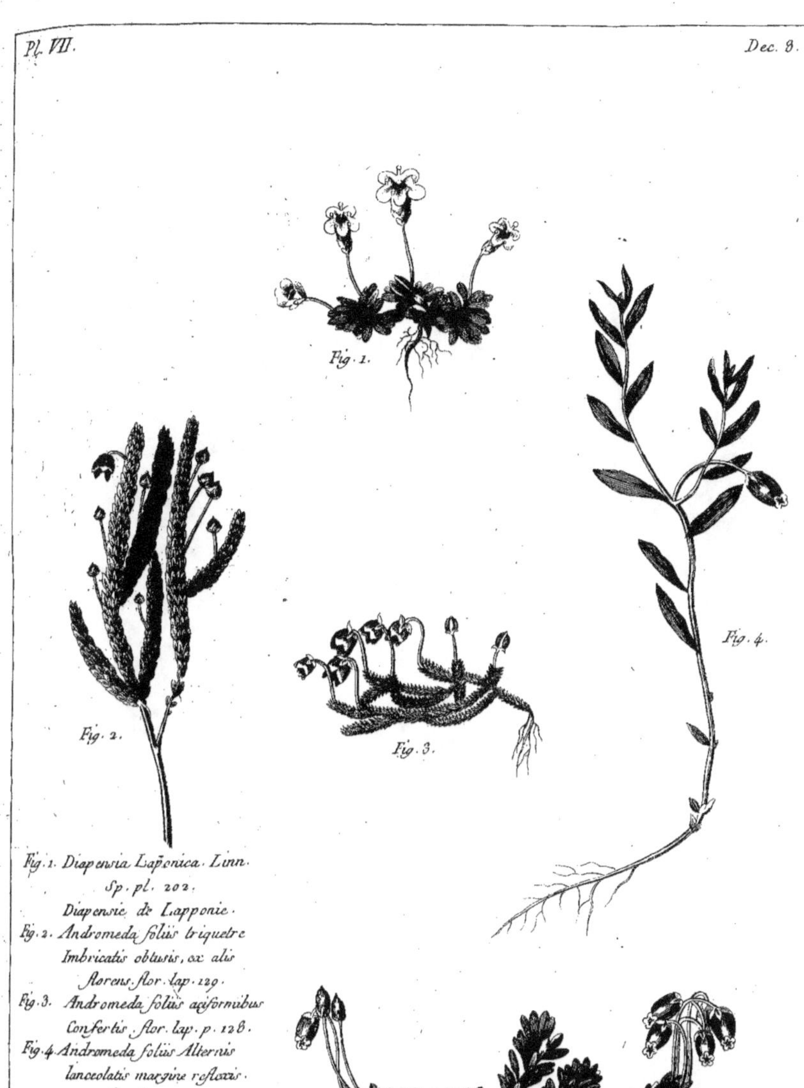

Fig. 1.

Fig. 2.

Fig. 3.

Fig. 4.

Fig. 5.

Fig. 1. Diapensia Lapponica. Linn.
    Sp. pl. 202.
    Diapensie de Lapponie.
Fig. 2. Andromeda foliis triquetre
    Imbricatis obtusis, ex alis
    florens. flor. lap. 129.
Fig. 3. Andromeda foliis aciformibus
    Confertis. flor. lap. p. 128.
Fig. 4. Andromeda foliis Alternis
    lanceolatis margine reflexis.
    flor. lap. 125.
Fig. 5. Andromeda foliis linearibus
    obtusis Sparsis. flor. lap. 127.
    Differentes especes d'Andromede.

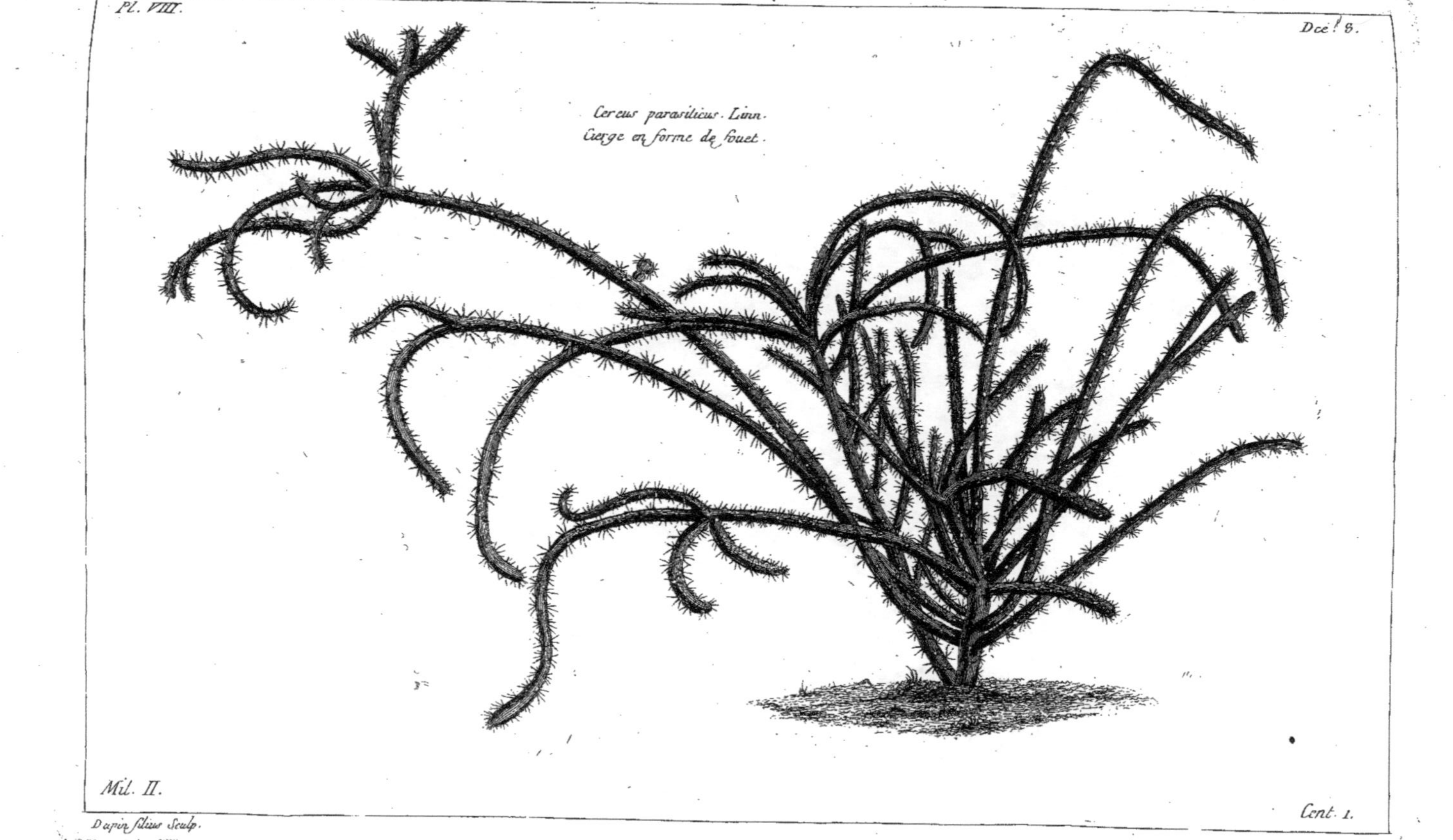

Pl. VIII.
Déc.e 8.
Cereus parasiticus. Linn.
Cierge en forme de fouet.
Mil. II.
Cent. 1.
Dupin filius Sculp.

Pl. IX.
Dec. 8.
Olea Americana.
h. r. trian.
Olivier d'Amerique.
Mill. II.
Cent. 1.
M. Passard Pinx.
Dupin filius Sculp.

Pl. X.
Dec. VIII.
Clitoria Ternatea flore albo. Linn.
Sp. plant. 1025.
Feue des Indes a feuilles de Reglisse
Mill. II.
Cent. 2.
M.lle de St Suire Pinx.
Dupin filius Sculp.

Pl. I.
Dec. IX.
Convolvulus quinquelobus.
Hort. reg.
Liseron a feuilles a 5. Lobes
d'Amerique.
Mill. II.
Cent. I.
Dupin filius Sculp.

Lathræa Squamaria . Linn .
Sp . plant. 844.
l'Orobanche a racines dentées

Dupin filius Sculp.

Pl. III.
Dec. 9.
Trollius europæus. Linn.
Sp. plant. 782.
Renoncule à fleurs globuleuses.
Mill. II.
Cent. 1.
Dupin filius Sculp.

Pl. IV.
Dec. IX.
Asclepias Syriaca.
Linn. Sp. Pl. 313.
L'Ouatte.
Mill. II.
Cent. I.
Dupin filius Sculp.

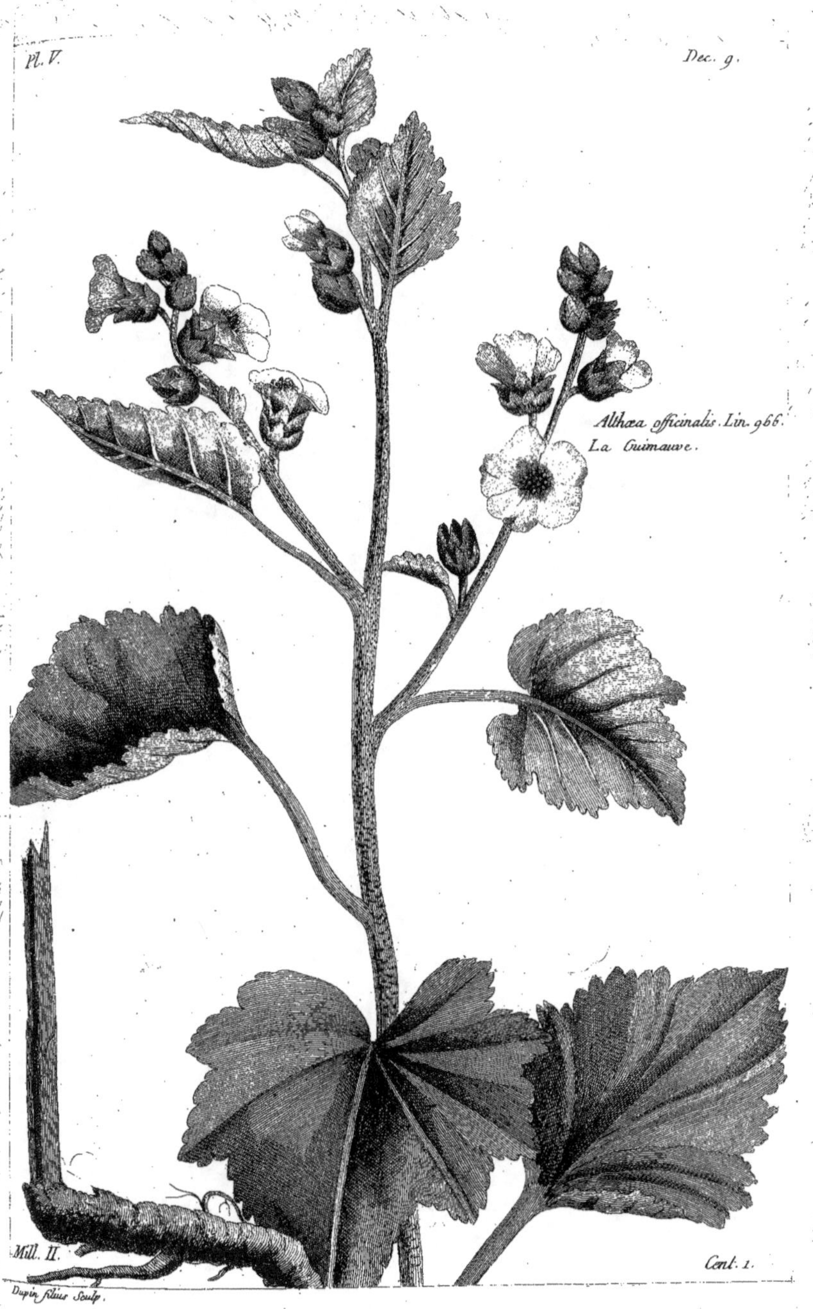

Pl. V.
Dec. 9.
Althæa officinalis. Lin. 966.
La Guimauve.
Mill. II.
Cent. 1.
Dupin filius Sculp.

Dupin filius Sculp.

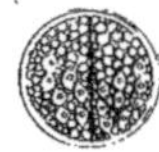

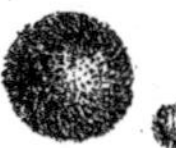

Potamogeton gramineum. Linn.
Sp. plant. 184.
Epi d'Eau a feuilles de Chiendent

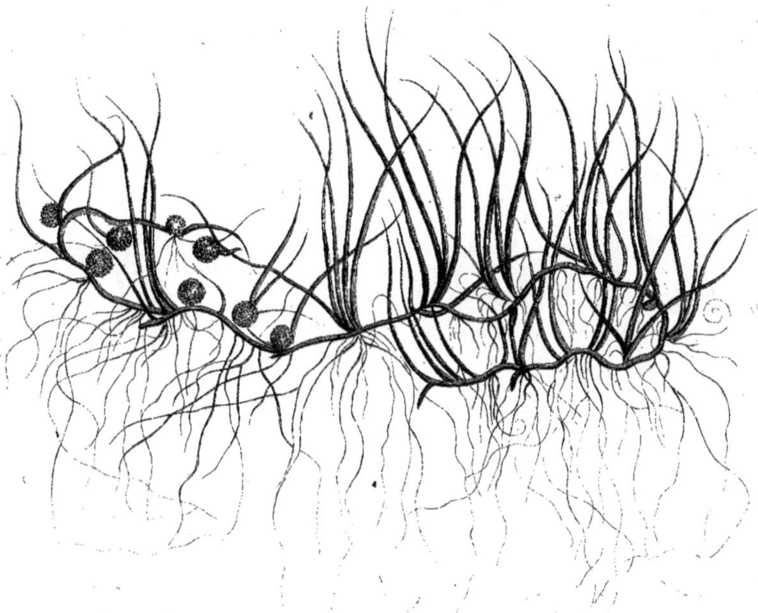

Dupin filius Sculp.

Pl. VIII.
Dec. 9.
Geranium lucidum . linn .
Sp . plant . 955 .
Bec de Grue de montagnes
Mill. II.
Cent. 1.
Dupin filius Sculp .

Cotula Coronopi-folia. Linn.
Sp. plant. 257.
Pasquerette annuelle.

Dupin Filius Sculp.

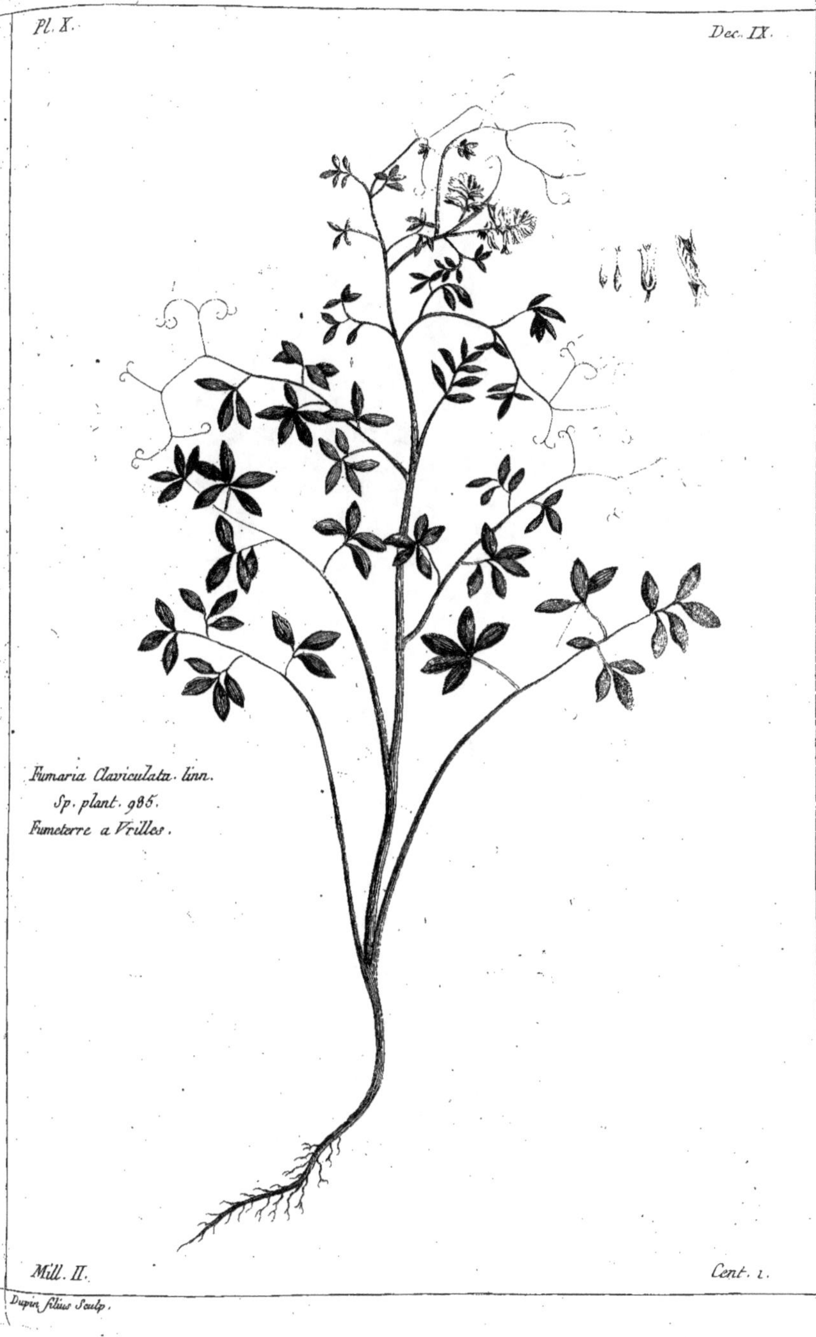

Dupin filius Sculp.

Rhamnus frangula. Linn.
Sp. plant. 280.
Aulne noir ou Bourgene.

Dupin filius Sculp.

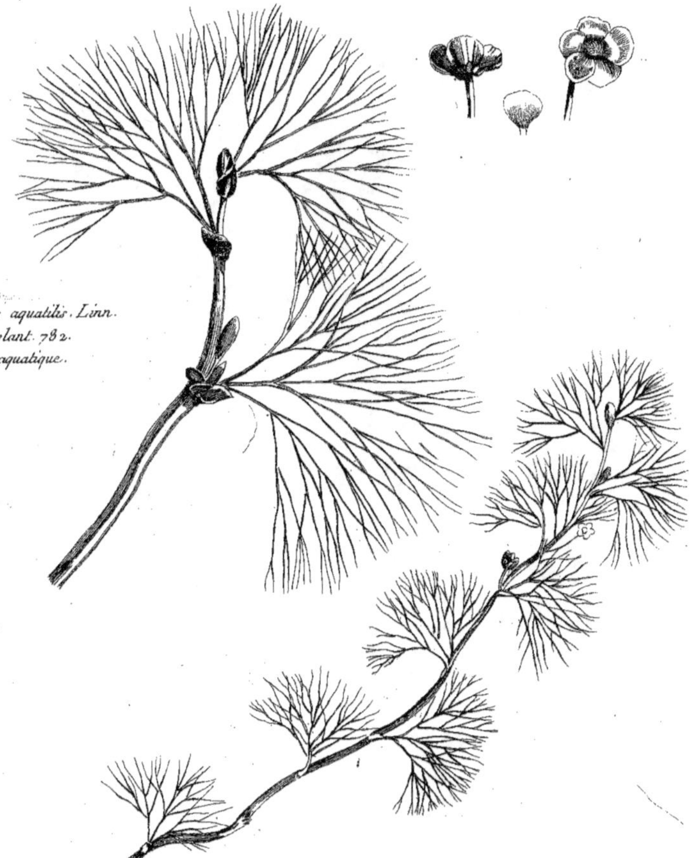

Dupin filius Sculp.

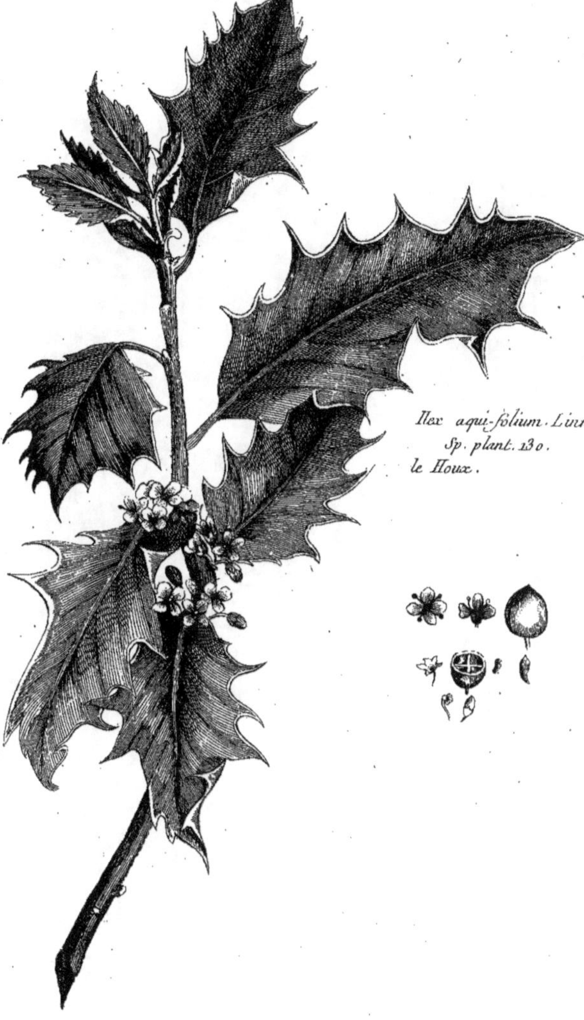

Dupin filius Sculp.

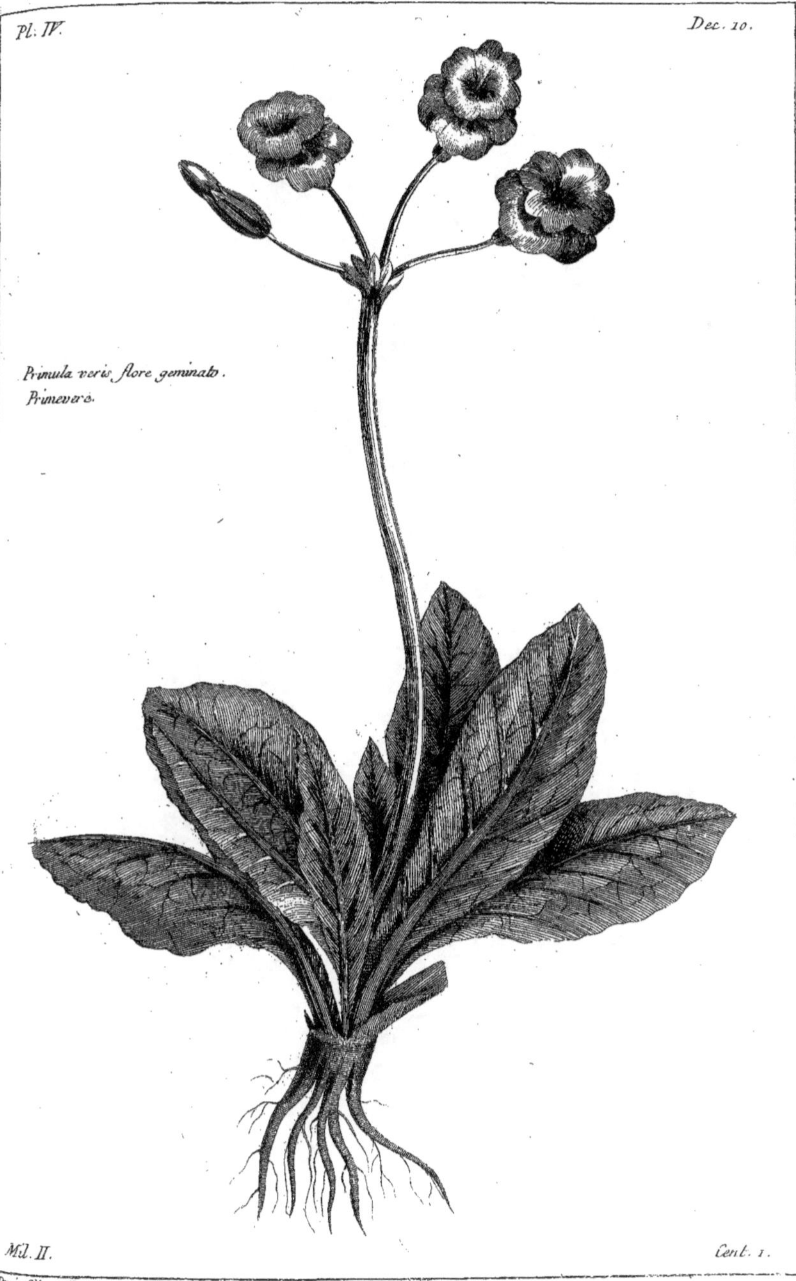

Dupin filius Sculp.

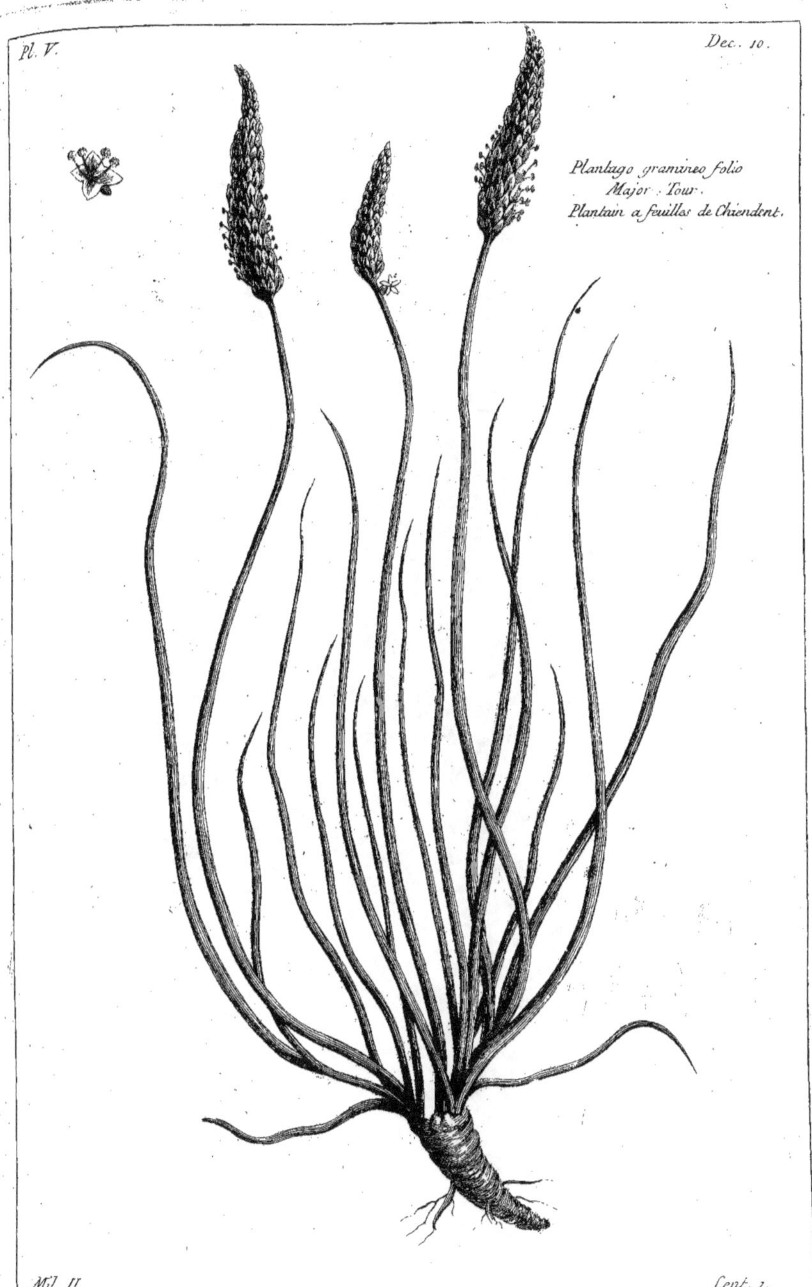

Planlago gramineo folio
Major. Tour.
Plantain a feuilles de Chiendent.

Veronica longifolia. Linn.
Sp. plant. 13.
Veronique en Epis et a
larges feuilles.

Mill. II.
Dupin filius Sculp.

Pl. VII.
Dec. 10.

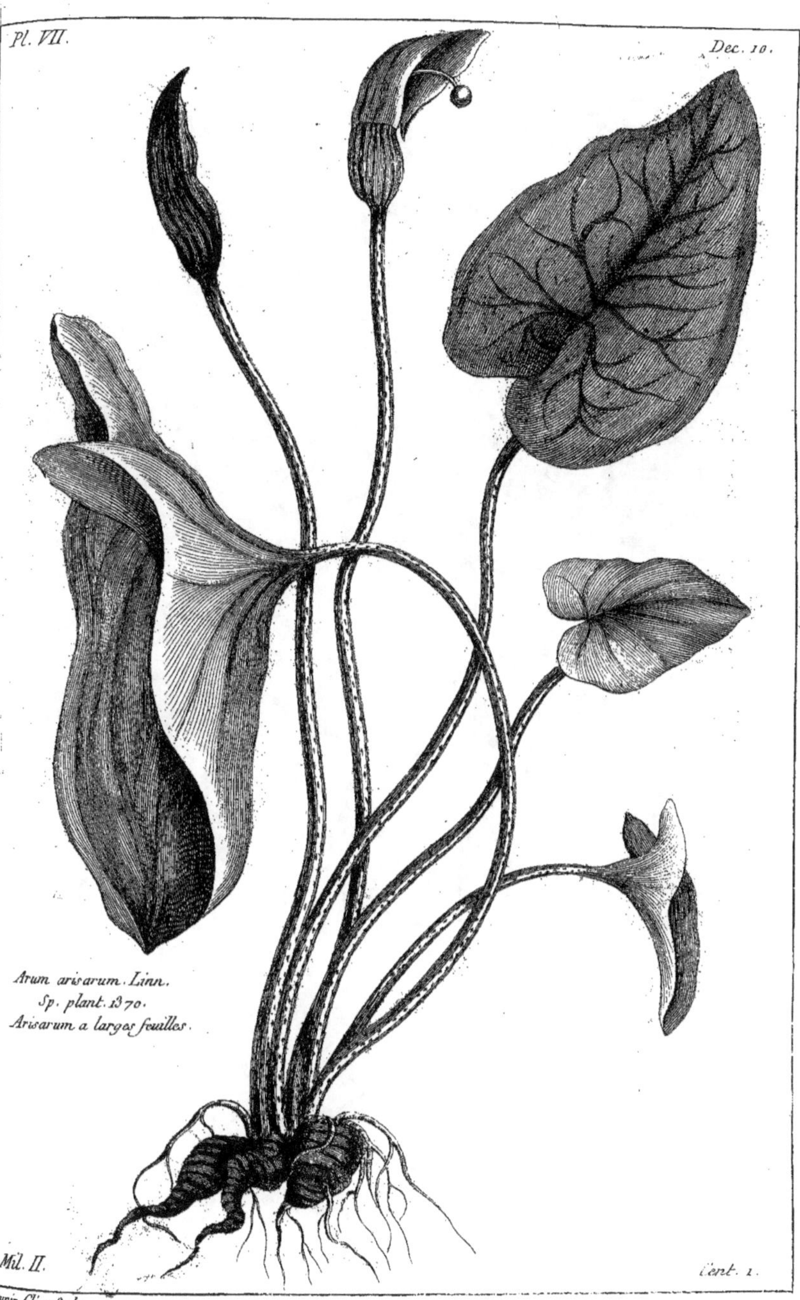

Arum arisarum. Linn.
Sp. plant. 1370.
Arisarum a larges feuilles.
Mil. II.
Cent. 1.
Dupin filius Sculp.

Pl. VIII.
Dec. 10.
Acorus Calamus. Linn.
Sp. plant. 462.
Roseau Aromatique.
Mill. II.
Dupin filius Sculp.
Cent. 1.

Mill. II.   Cent. 1.

Dupin filius Sculp.

Mill. II.

Cent. 1.

Dupin filius Sculp.

HISTOIRE
UNIVERSELLE
DU RÈGNE VÉGÉTAL.

HISTOIRE

UNIVERSELLE

DU RÈGNE VÉGÉTAL,

OU

NOUVEAU DICTIONNAIRE

PHYSIQUE ET ÉCONOMIQUE

De toutes les Plantes qui croissent sur la surface du Globe:

Contenant leurs noms Botaniques & Triviaux dans toutes les Langues, leurs classes, leurs Familles, leurs Genres & leurs Espèces ; les endroits où on les trouve le plus communément ; leur culture ; les animaux auxquels elles peuvent servir de nourriture ; leurs analyses chymiques ; la manière de les employer pour nos alimens, tant solides que liquides ; leurs propriétés, non-seulement pour la Médecine des hommes, mais encore pour celle des animaux ; les doses & la manière de les formuler, & les différens usages pour lesquels on peut s'en servir dans les Arts & Métiers, &c. &c. &c.

On y a joint une Bibliothèque raisonnée de tous les livres de Botanique ; l'explication des différens termes usités dans cette partie de l'Histoire Naturelle ; une notice de tous les systêmes, & enfin la liste des Professeurs & des Jardins Botaniques de l'Europe.

Ouvrage orné de 1100 Planches gravées en taille-douce par les meilleurs Maîtres, & dessinées d'après nature.

Par M. Buc'hoz, Docteur en Médecine, Médecin Botaniste de Monsieur, frère du Roi, & Médecin de Quartier Surnuméraire de sa Maison, ancien Médecin de quartier de Monseigneur le Comte d'Artois, & Médecin ordinaire de feu Sa Majesté le Roi de Pologne, Aggrégé au Collège Royal & à la Faculté de Médecine de Nancy, Associé des Académies de Mayence, de Châlons, d'Angers, de Dijon, de Béziers, de Caën, de Bordeaux & de Metz, Correspondant de celles de Rouen & de Toulouse ; Membre de la Société Royale d'Agriculture de Rouen.

TOME DOUZIEME DES PLANCHES.

A PARIS,

Chez Brunet, Libraire, rue des Écrivains, vis-à-vis le Cloître Saint-Jacques-la-Boucherie.

M. DCC. LXXVI.

Avec Approbation, & Privilége du Roi.

Dupin filius Sculp.

Pl. II.
Dec. 1.
Mercurialis Testiculata.
Sive mas.
Mercuriale mâle.
Mill. II.
Cent. 2.
Dupin filius Sculp.

Dupin filius Sculp.

Pl. IV.
Dec. 1.
Heliotropium indicum.
Linn. Sp. 187.
Heliotrope des Indes.
Mill. II.
Cent. 2.
Dupin filius Sculp.

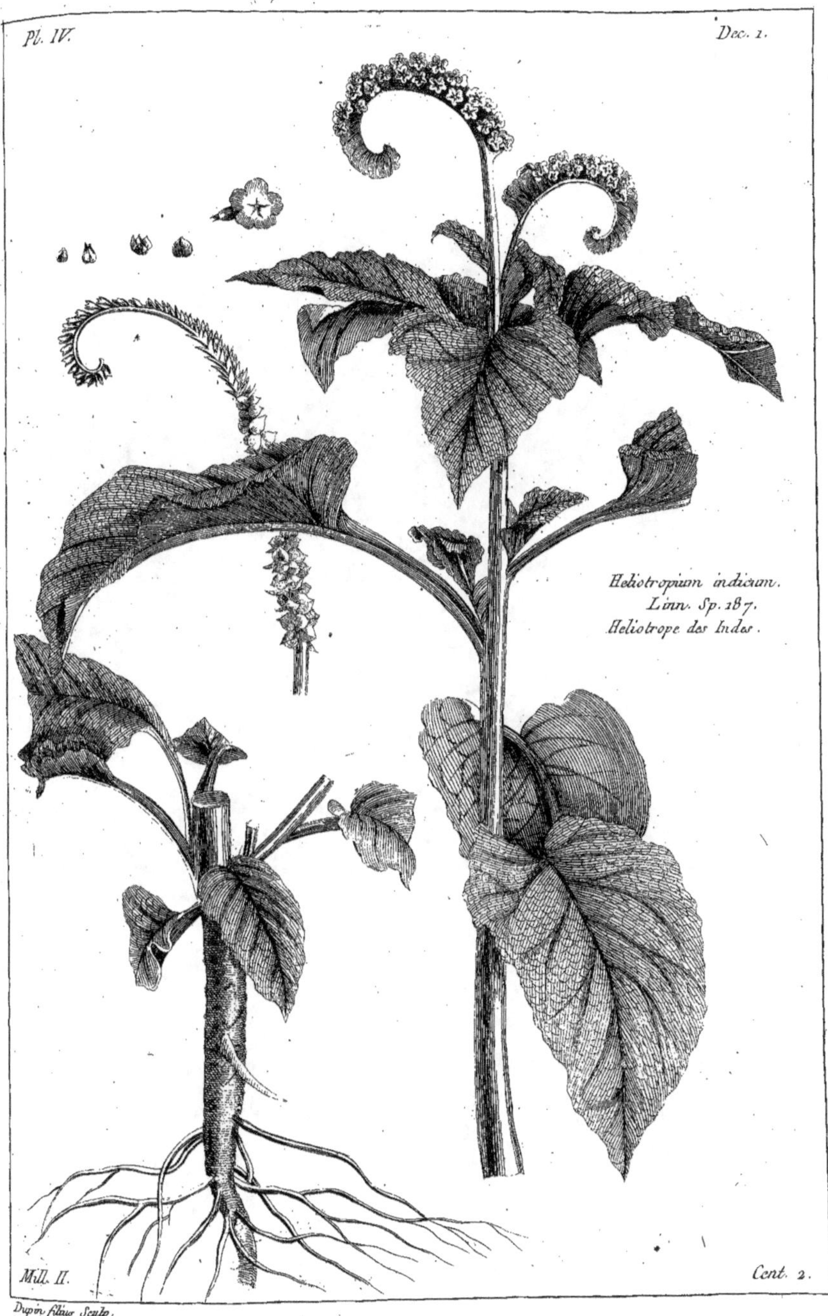

Amygdalus. Linn.
Pêcher

Mill. II.

Cent. 2.

Dupin filius Sculp.

Pl. VI.
Dec. 2.
Oxalis Sensitiva. Linn. 622.
La Sensitive de Malabar.
Mill. II.
Cent. II.
Dupin filius Sculp.

Agaricus fimetarius. Linn.
Le Champignon Blanc de la
forme d'un Œuf.

Dupin sculp.

Carthamus Carolinensis. h. R. Trian.
Carthame de la Caroline.

Dupin filius Sculp.

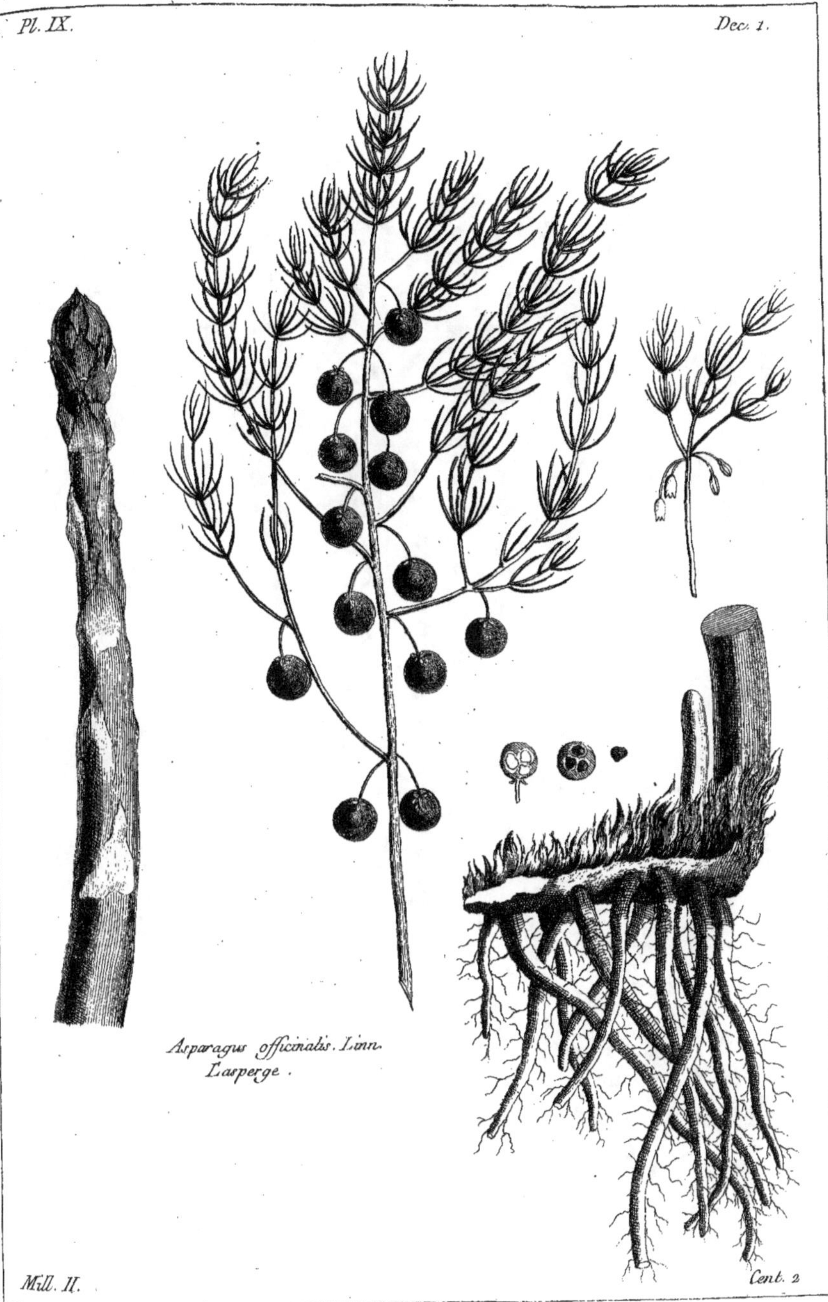

Pl. IX.
Dec. 1.
Asparagus officinalis. Linn.
L'asperge.
Mill. II.
Cent. 2

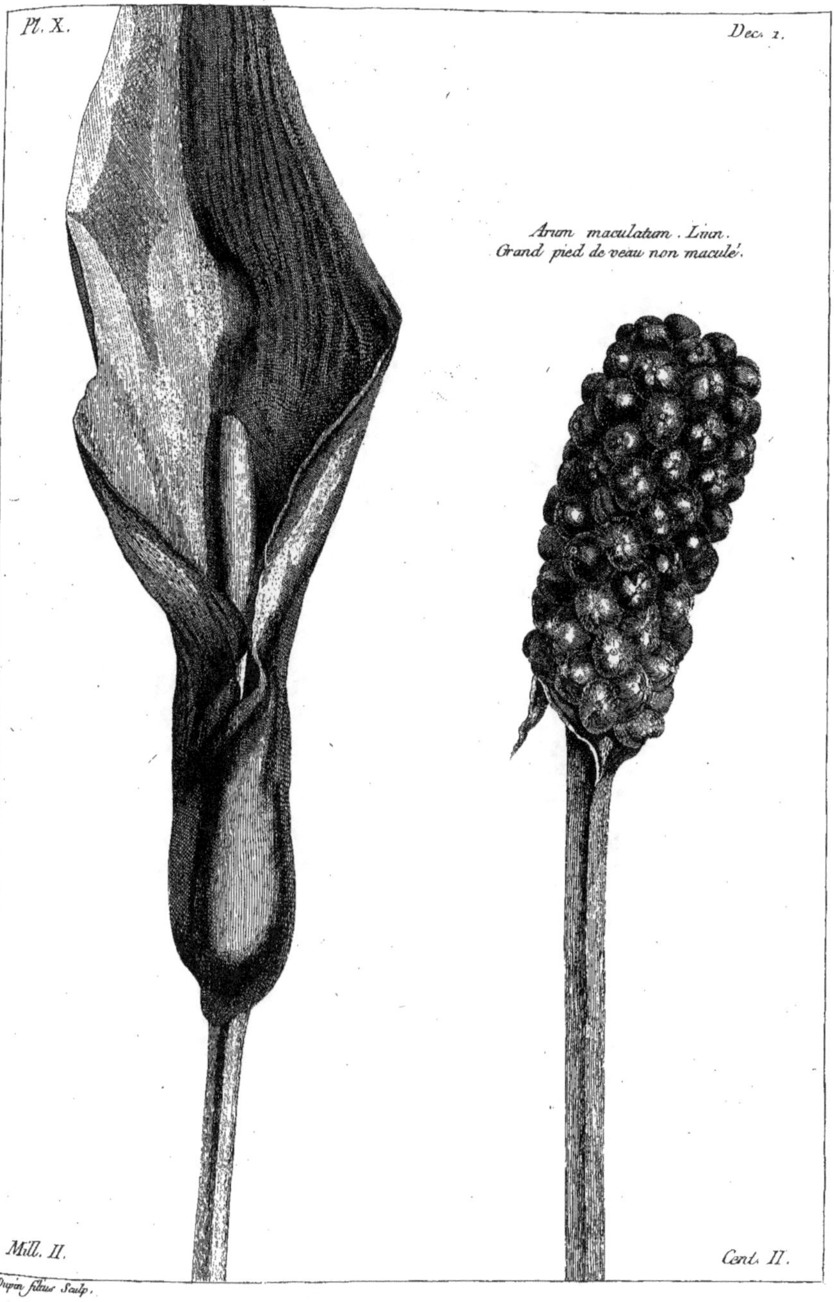

Pl. X.
Dec. 1.
Arum maculatum. Linn.
Grand pied de veau non maculé.
Mill. II.
Cent. II.
Dupin filius Sculp.

Rudbeckia hirta. Linn.
Chrysanthone a feuilles d'aulnée.

Dupin filius Sculp.

Pl. II.
Dcc. 2.
Vitis laciniosa. Linn.
Vigne à feuilles laciniées.
Mill. II.
Cent. 2.
Dupin filius Sculp.

Dupin fileur Sculp.

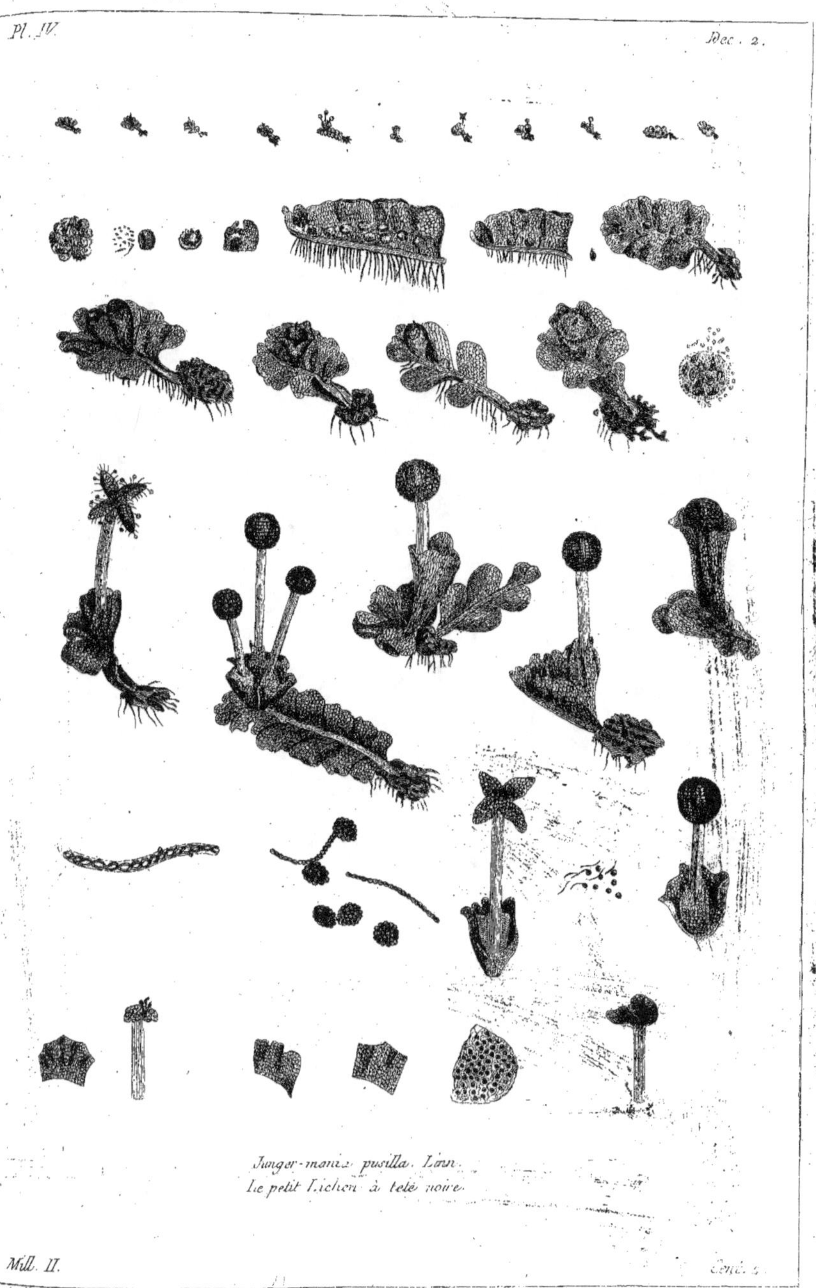

Junger-mania pusilla Linn.
Le petit Lichen à tête noire.

Dupon filius Sculp.

Dupin filius Sculp.

Pl. VI.
Dec. 2.
Michelia Champaca. Linn.
Champacam.
Mill. II.
Cent. 2.
Dupin filius Sculp.

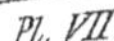

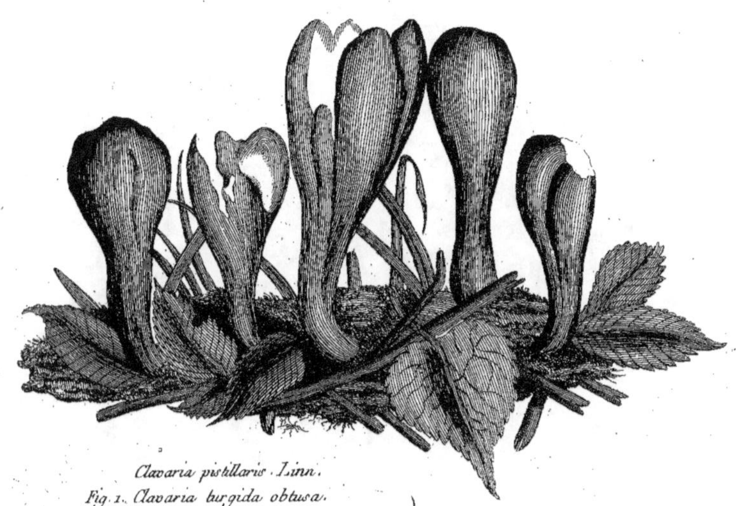

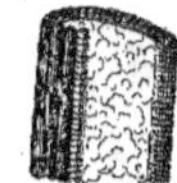

Clavaria pistillaris. Linn.
Fig. 1. Clavaria turgida obtusa.
Fig. 2. Clavaria symplex oblonga pulvinata } Schmidel.
la grande Clavaire jaune.

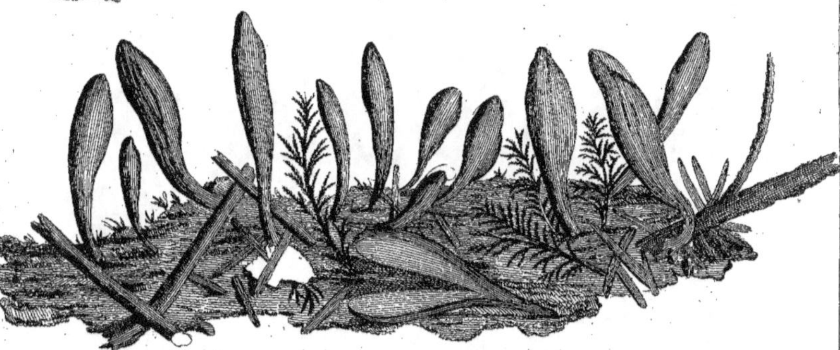

Dupin filius Sculp.

Dupin fileus Sculp.

Pl. IX.
Dec. 2.
Cactus Melocactus. Linn.
Melon Cardon herissé, de l'Amerique.
Mill. II.
Cent. 2.
Dupin filius Sculp.

Dupin filius Sculp.

Pl. I.
Dec. 3.
Symphytum officinale Linn.
Grande Consoude.
Mill. II.
Dupin filius Sculp.
Cent. 2.

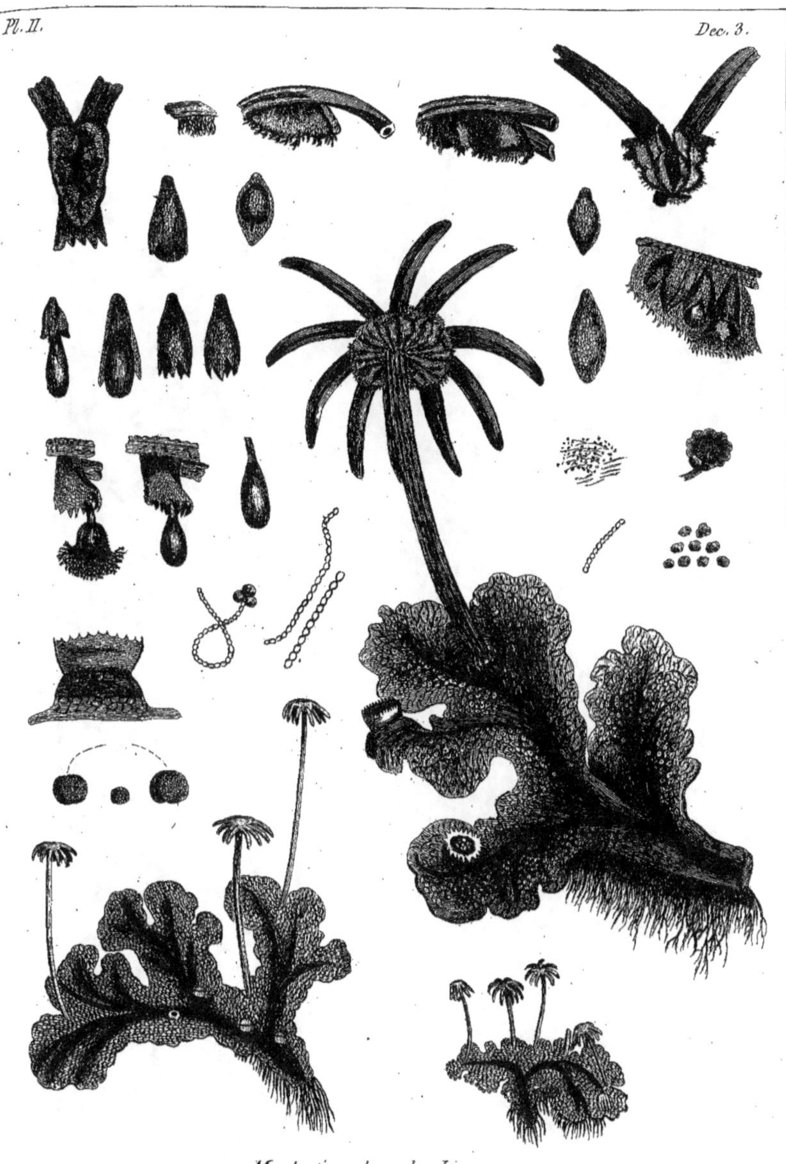

Marchantia polymorpha. Linn
Marchantia margine nudo Calice plano stellato. Schmid.
la Marchant etoillée.

Dupin filius Sculp.

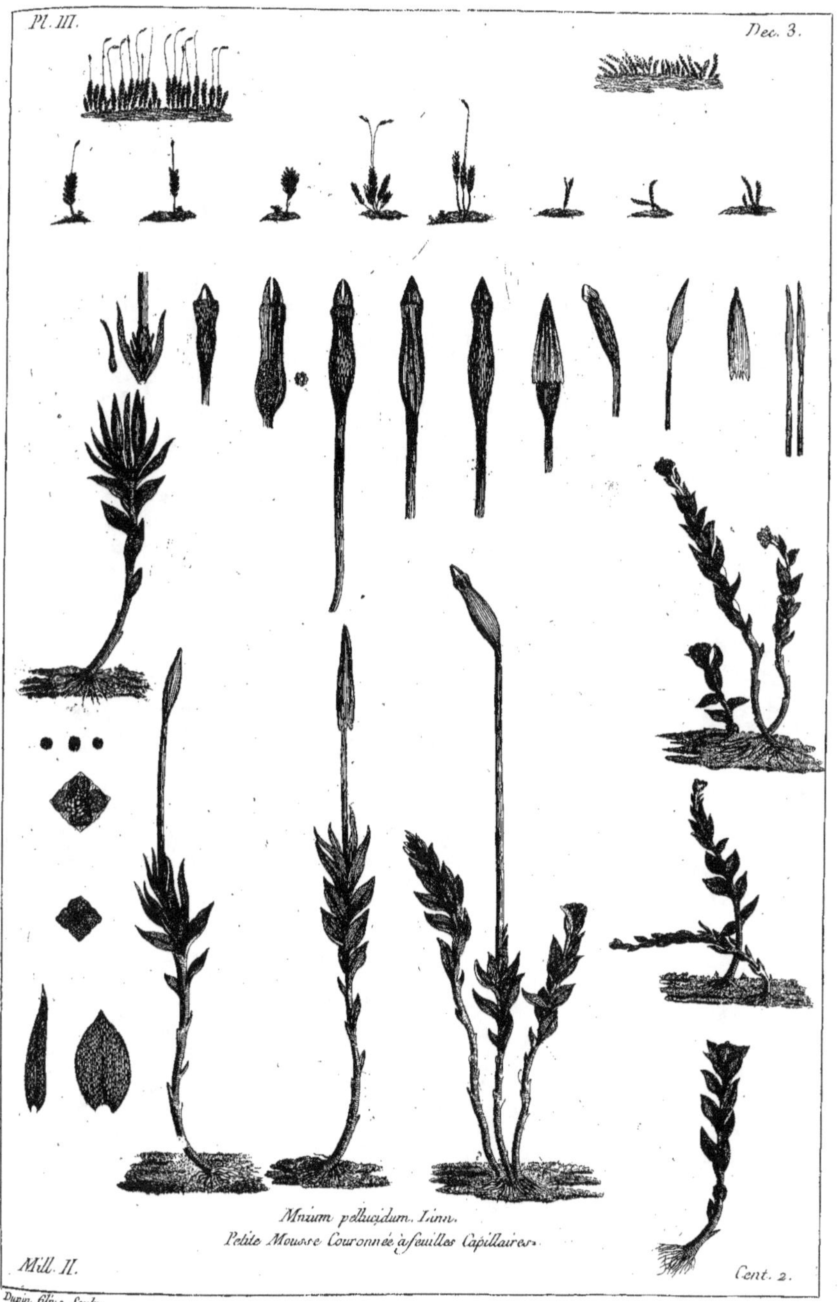

Mnium pellucidum. Linn.
Petite Mousse Couronnée à feuilles Capillaires.

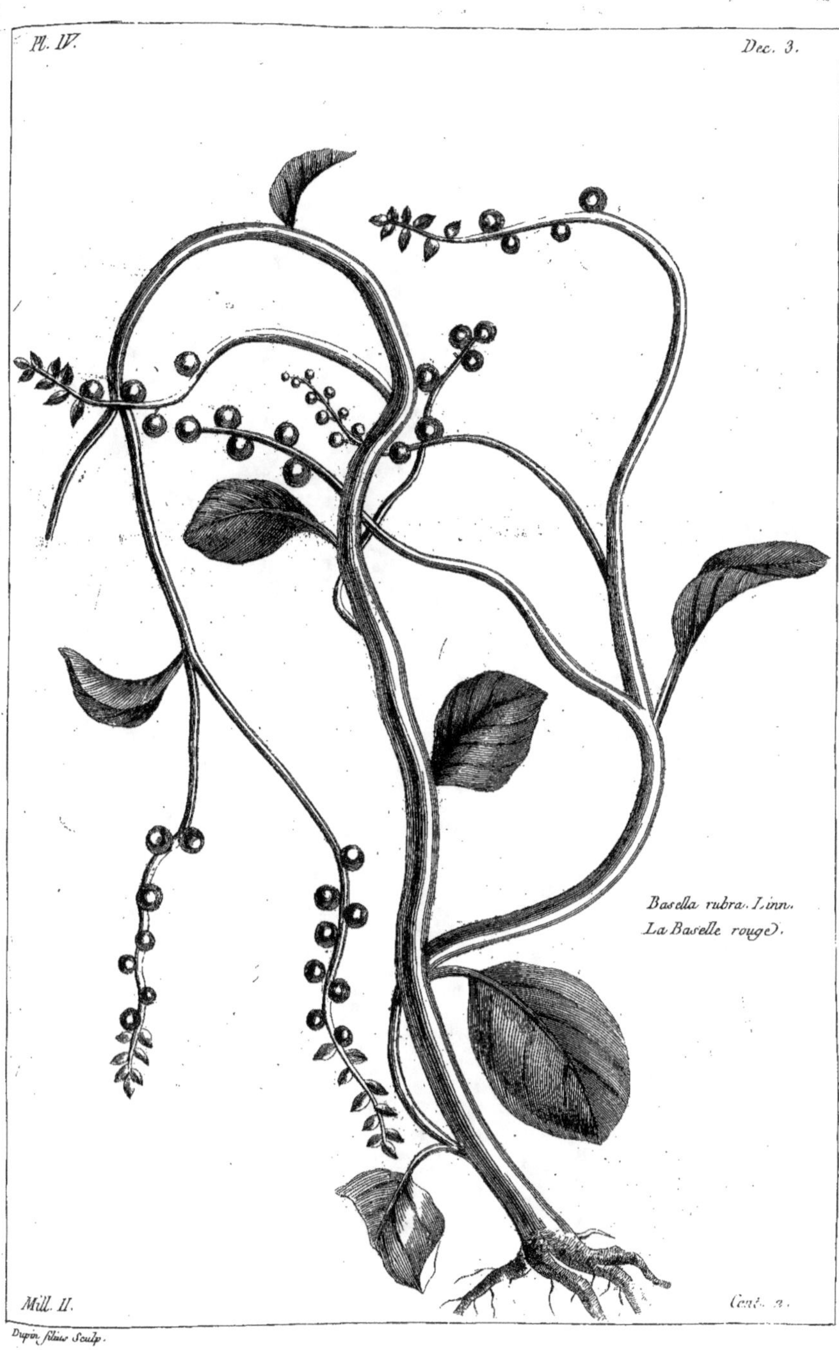

Pl. IV.
Dec. 3.
Basella rubra. Linn.
La Baselle rouge.
Mill. II.
Cent. 3.
Dupin filius Sculp.

Pl. V.
Dec. 3.
Atropa Mandragora
Mandragore femelle.
Mill. II.
Cent. 2.
Dupin filius Sculp.

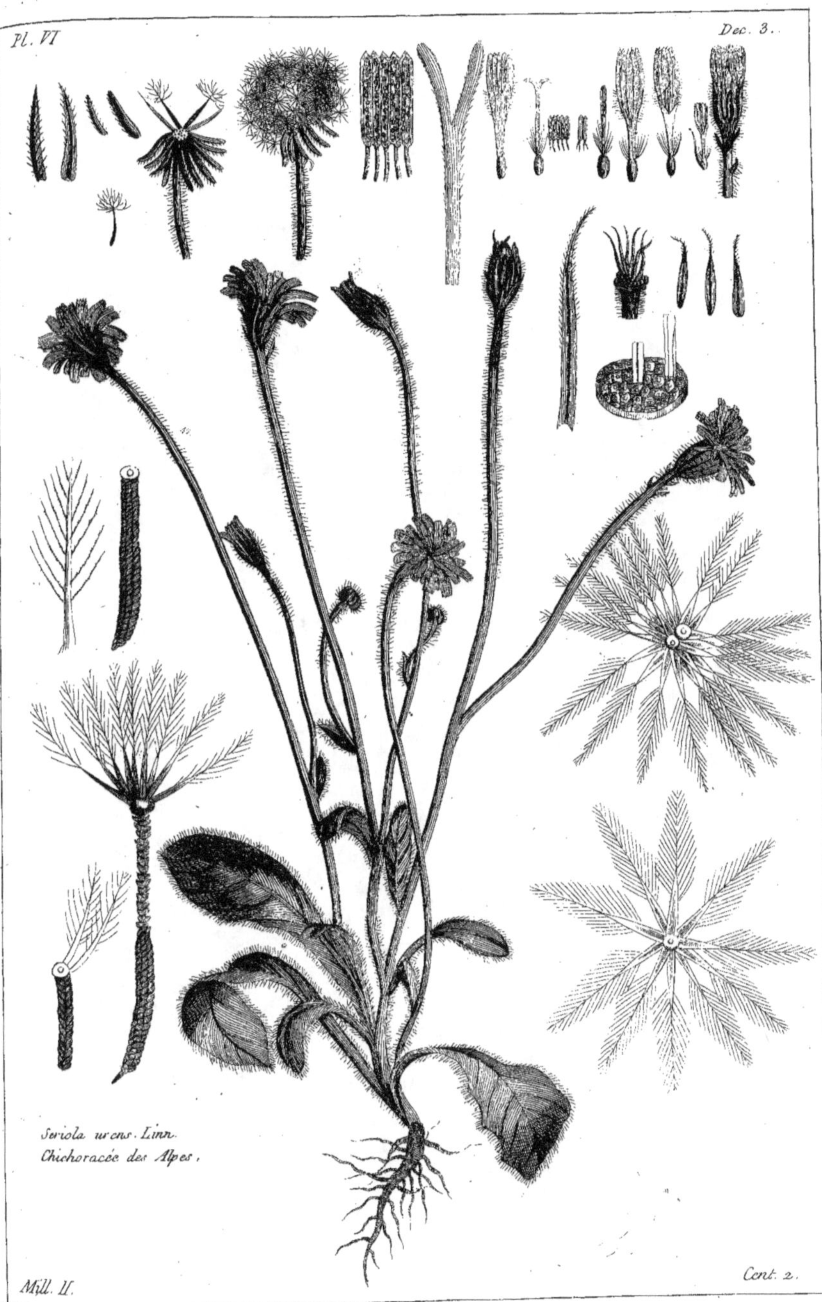

Pl. VI
Dec. 3.
Seriola urens. Linn.
Chichoracée des Alpes.
Mill. II.
Cent. 2.
Dupin filius Sculp.

Pl. VII.
Dec. 3.
Lilium Bulbiferum Linn. 433.
Le Lys jaune.
Mill. II.
Cont. 2.
Dupin filius Sculp.

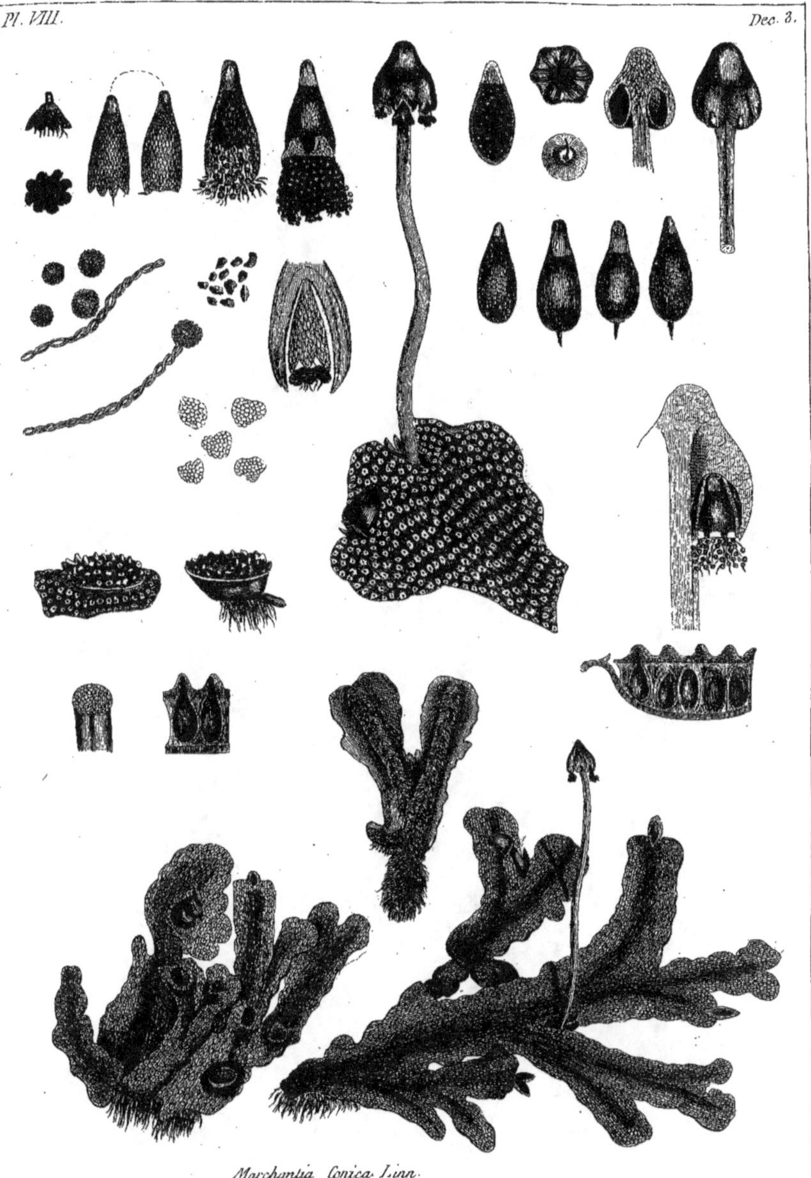

Marchantia Conica Linn.
1.a Marchand a fleurs Coniques.

Dupin filius Sculp.

Pl. IX.
Dec. III.
Papaver somniferum. Linn.
Pavot somnifère.
Mill. II.
Cent. 2
Dupin filius Sculp.

Pl. X.
Dec. 3.
Commelina Affricana linn.
La Commelin d'Affrique.
Mill. II.
Cent. 2.
Dupon filius Sculp.

Pl. I.
Dec. 4.
Calendula officinalis. linn.
Le Soucy.
Mill. II.
Cent. 2.
Dupin filaur Sculp.

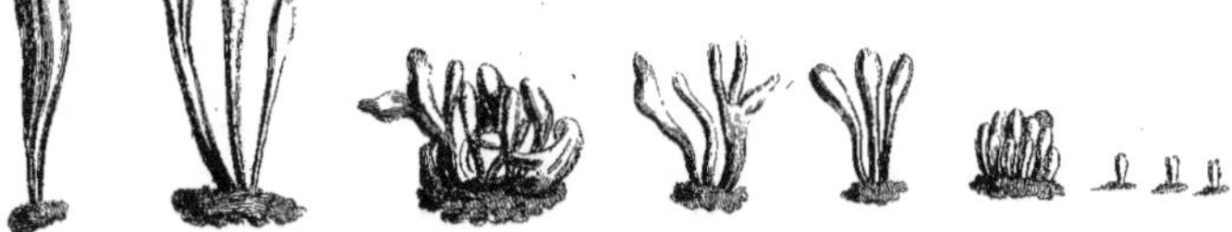

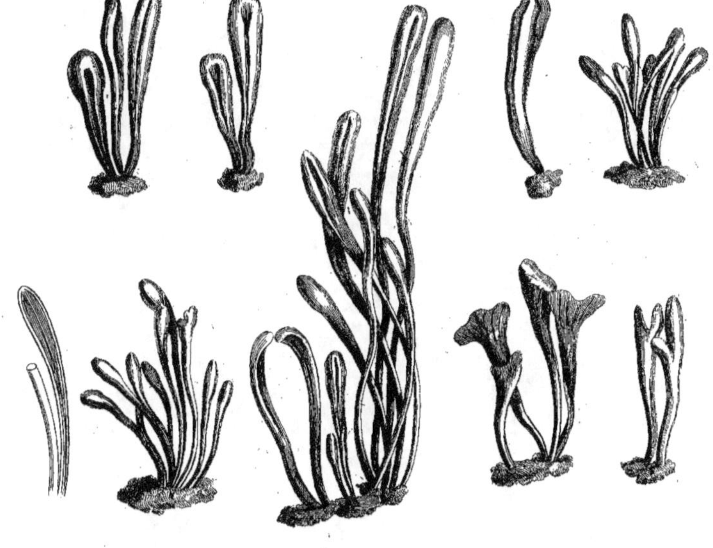

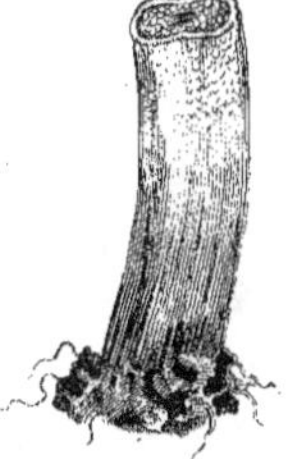
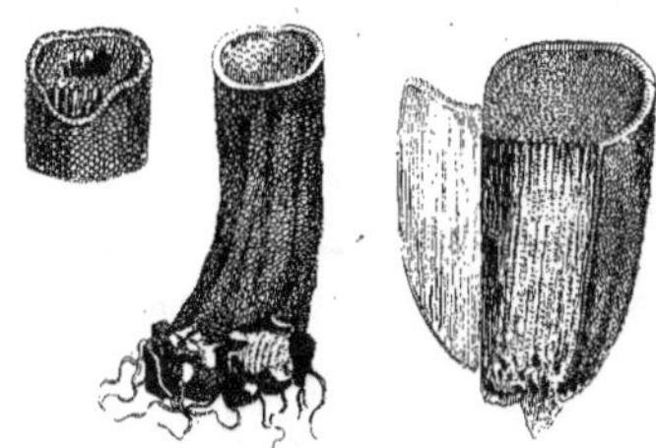

Clavaria Teres fistulosa Schmidel.
La Clavaire fistuleuse Cylindrique.

Dupin filius Sculp.

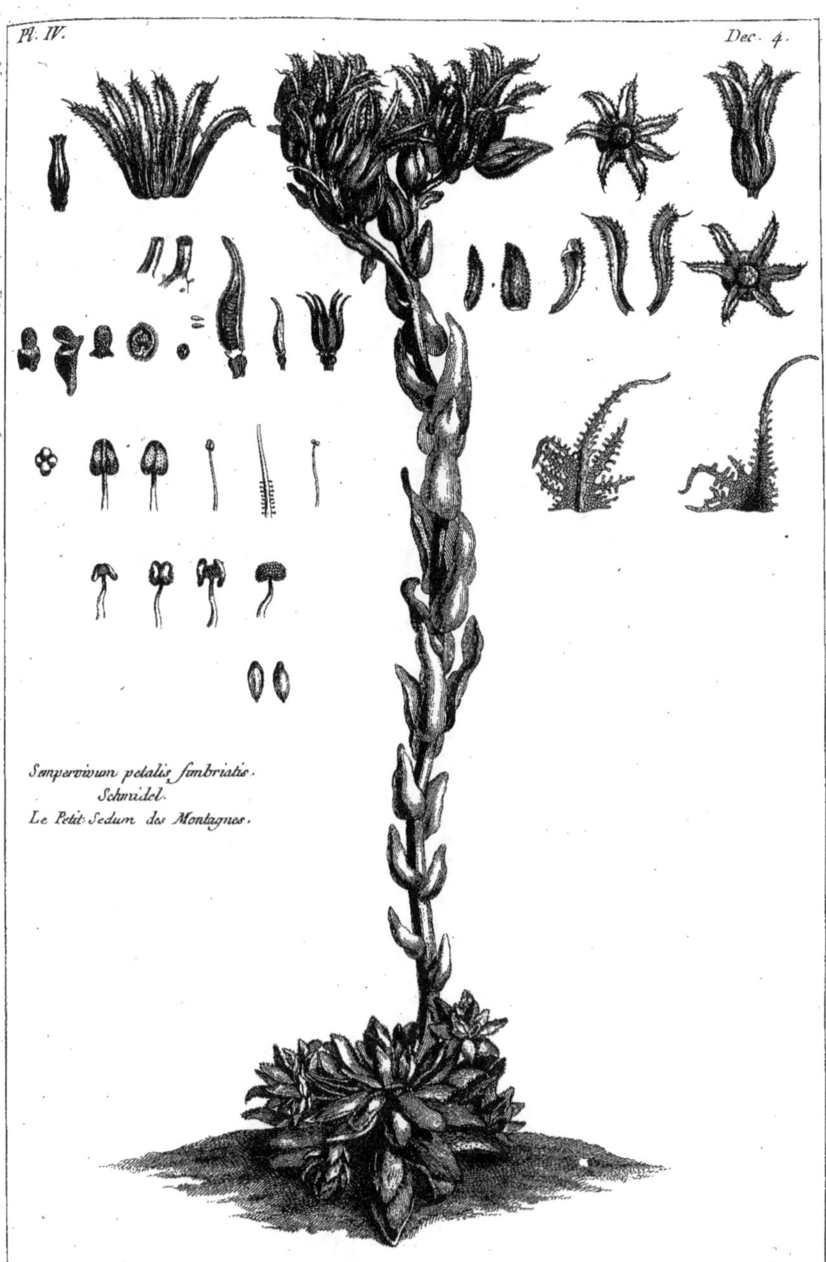

Pl. IV.
Dec. 4.
Sempervivum petalis fimbriatis.
Schmidel.
Le Petit Sedum des Montagnes.
Mill. II.
Cent. 2.
Dupin filius Sculp.

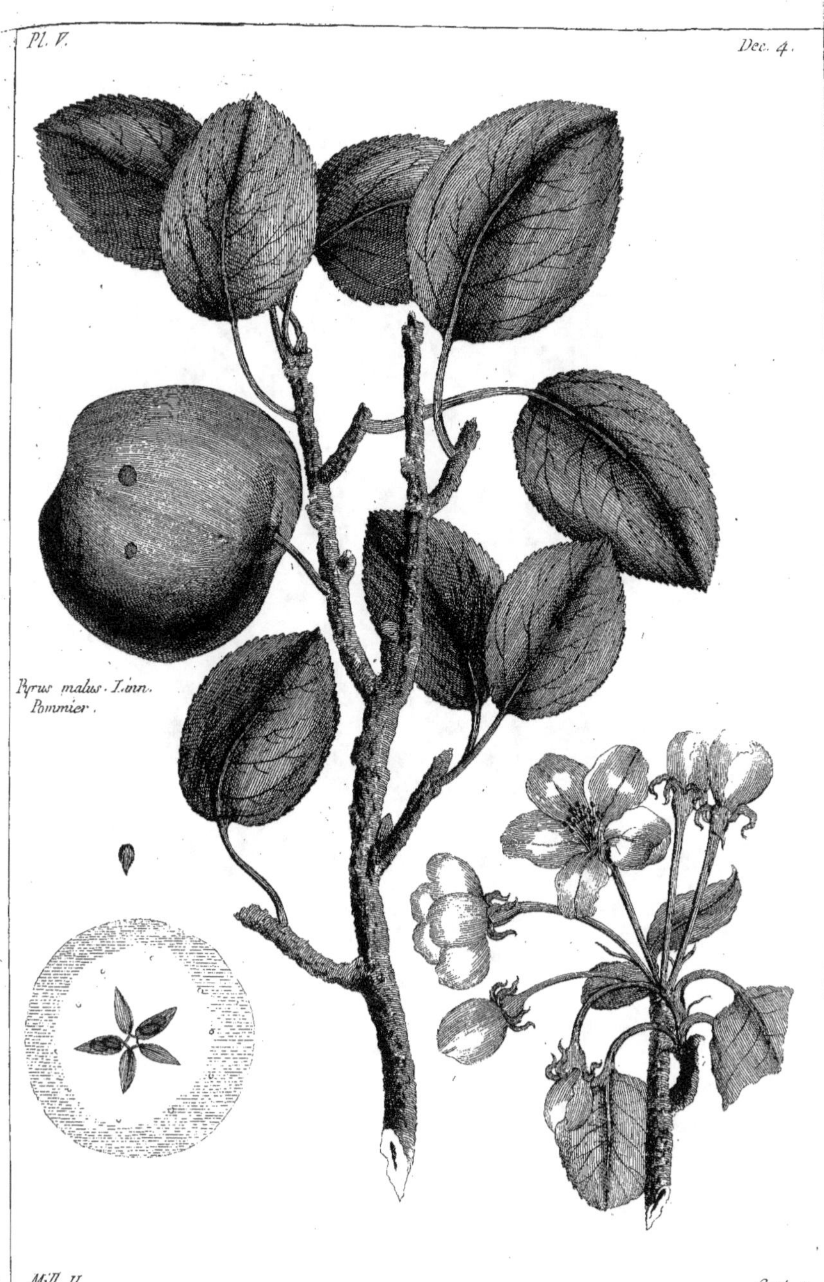
Pyrus malus. Linn.
Pommier.

Pl. VI.
Dec. 4.
Polygala Chamæbuxus. Linn.
Buis Batard à fleurs de
Baguenaudier.
Mill. II.
Cent. 2
Dupin filius Sculp.

Pl. VII.
Dec. 4. 
Gentiana asclepiades. linn.
La Gentiane à feuilles d'asclepias
Mill. II.
Cent. 2.
Dupin filius Sculp.

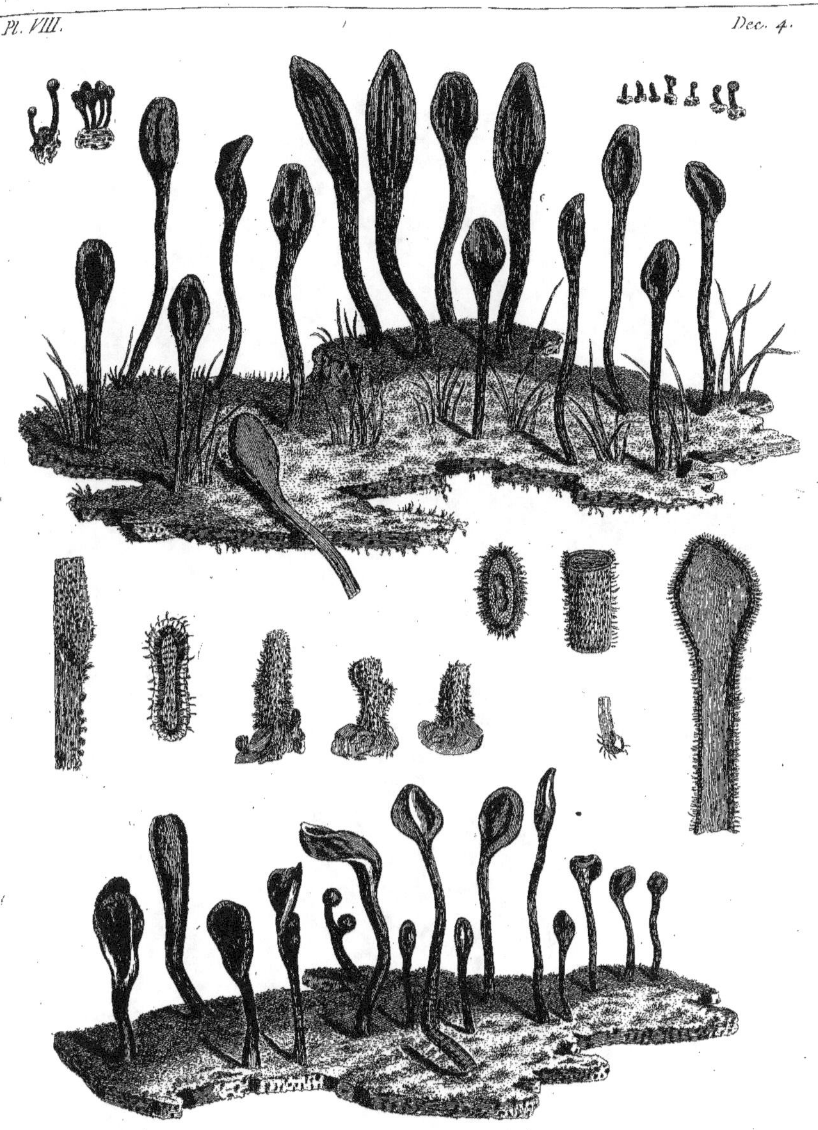

Clavaria Symplex hirsuta. Schmidel.
La Clavaire symple herissée.

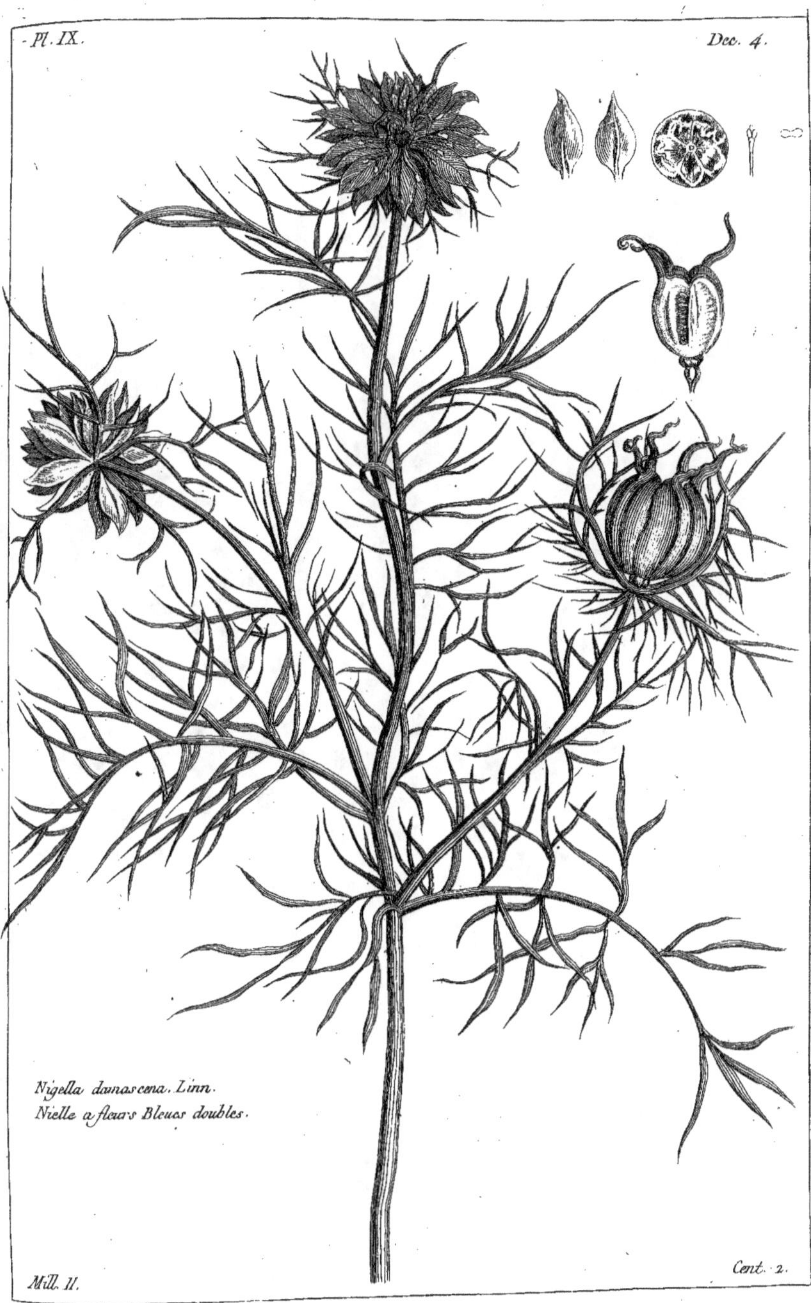

Nigella damascena. Linn.
Nielle a fleurs Bleues doubles.

Lonicera semper-virens. Linn.
Percefeuille de Virginie.

Mill. II.

Cent. 2.

Dupin filius Sculp.

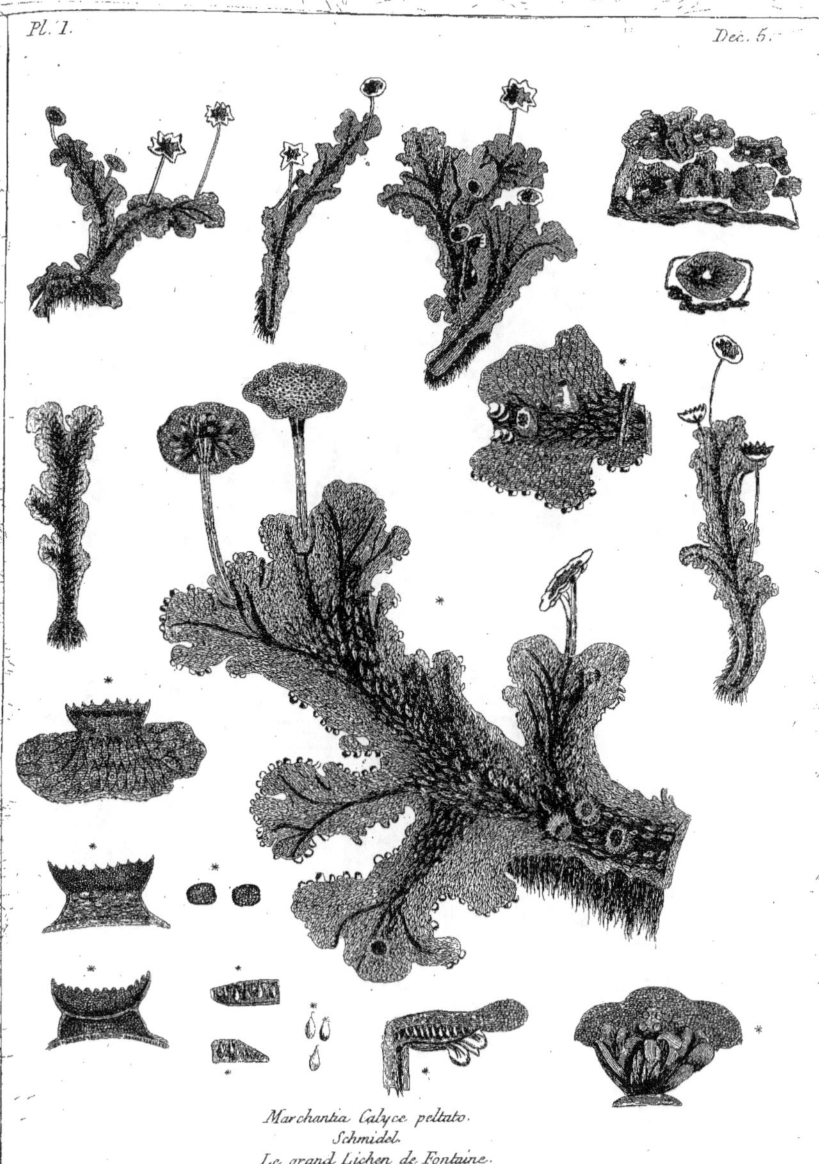

Marchantia Calyce peltato.
Schmidel.
Le grand Lichen de Fontaine.

Dupin filius Sculp.

Pl. II.
Dec. 5.
Aconitum napellus. Linn.
Aconit Bleu.
Mill. II.
Dupin filius Sculp.
Cent. 2.

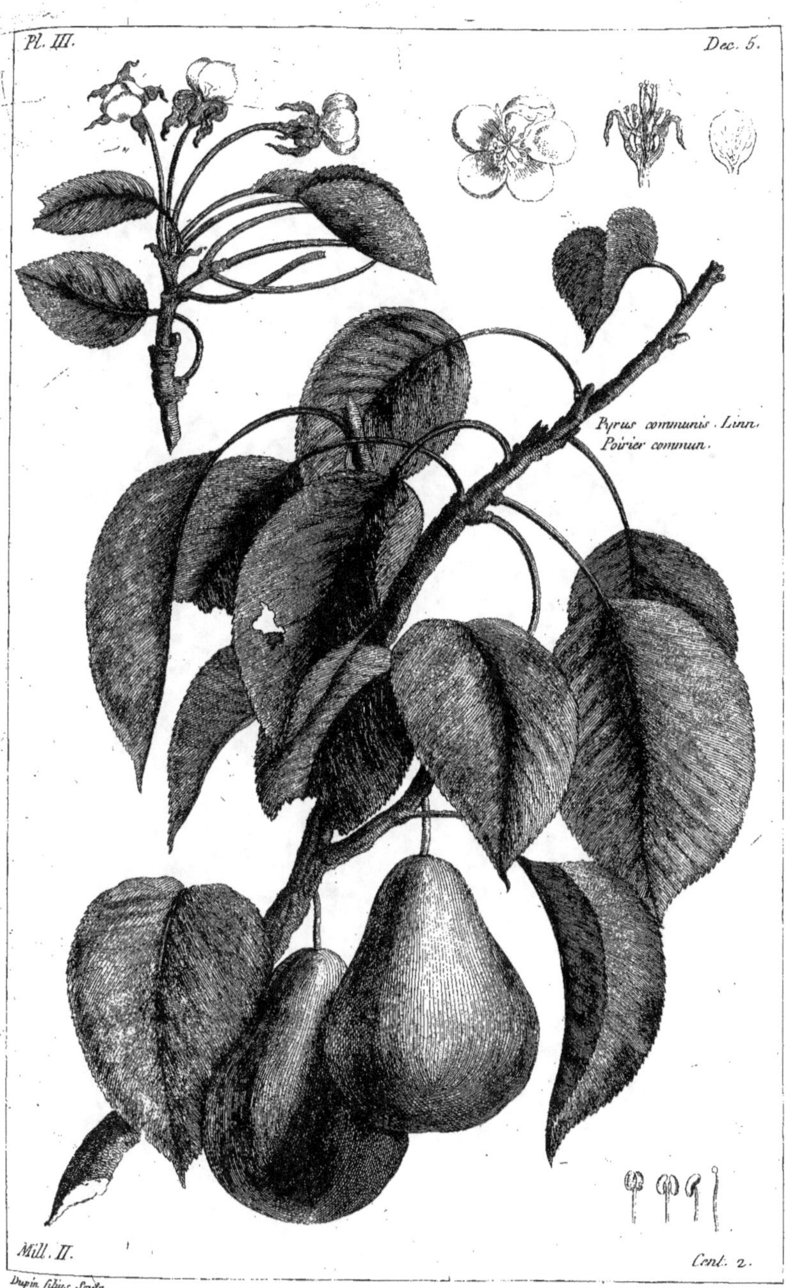

Pl. III.
Dec. 5.
Pyrus communis. Linn.
Poirier commun.
Mill. II.
Cent. 2.
Dupin filius Sculp.

Crucianella Latifolia. linn.
La Petite Croisette a feuilles lanceolées.

Mesembrianthemum noctiflorum. linn.
Mesembrianthéme a fleurs Intérieurement Blanches.

Dupin filius Sculp.

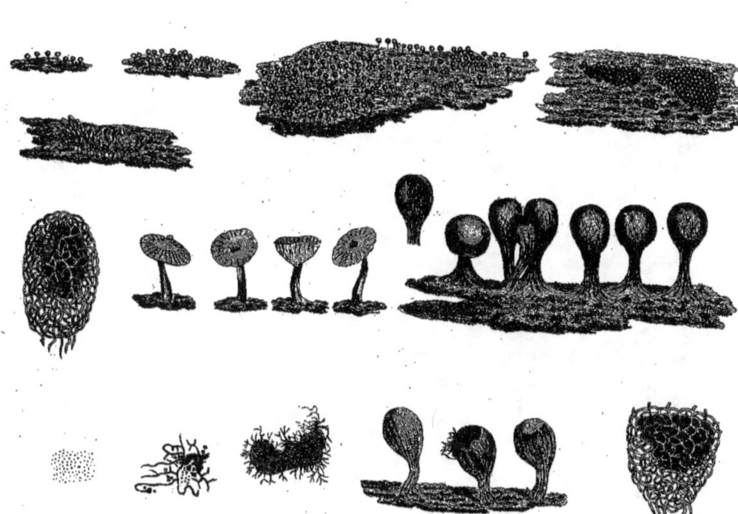

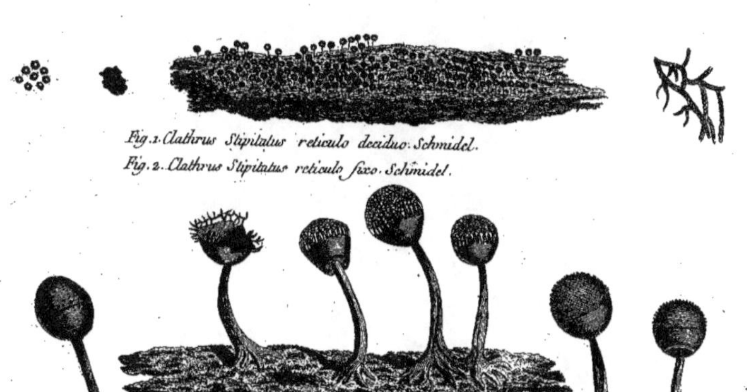

Fig. 1. *Clathrus Stipitatus reticulo deciduo. Schmidel.*
Fig. 2. *Clathrus Stipitatus reticulo fixo. Schmidel.*

Dupin filius Sculp.

Pl. VII.
Dec. 5.
Mesembrianthemum micans. linn.
Mesembriantheme a fleurs
rougçatres.
Mill. II.
Cent. 2.
Dupin filius Sculp.

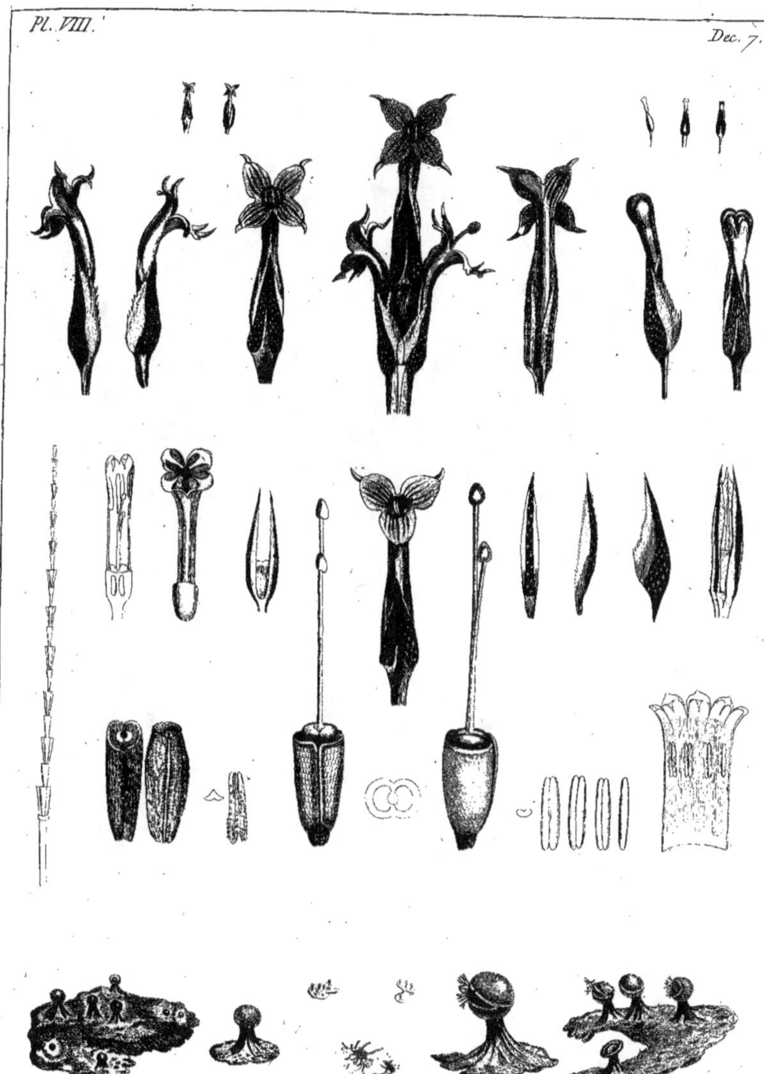

Trichulius Stipitatus globosus. Schmid.
Trichule globuleux.

Dupin filius Sculp.

Fig. 1. Mesembryanthemum folio lingui formi longiore.
Fig. 2. Mesembryanthemum folio lingui formi latiore. } Dill. hort. amst.

Mesembryantheme a feuilles en forme de Langue.

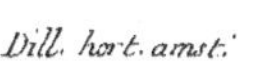

Fig. 1.

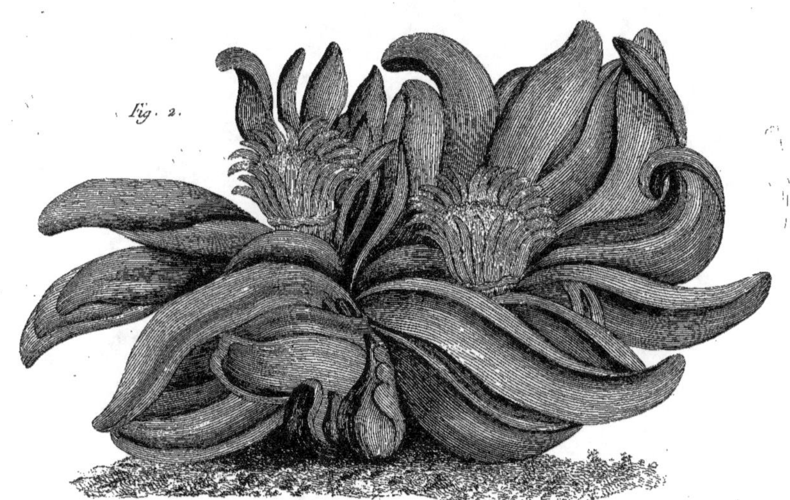

Fig. 2.

Mill. II.

Cent. 2.

Dupin filius Sculp.

Dupin filius Sculp.

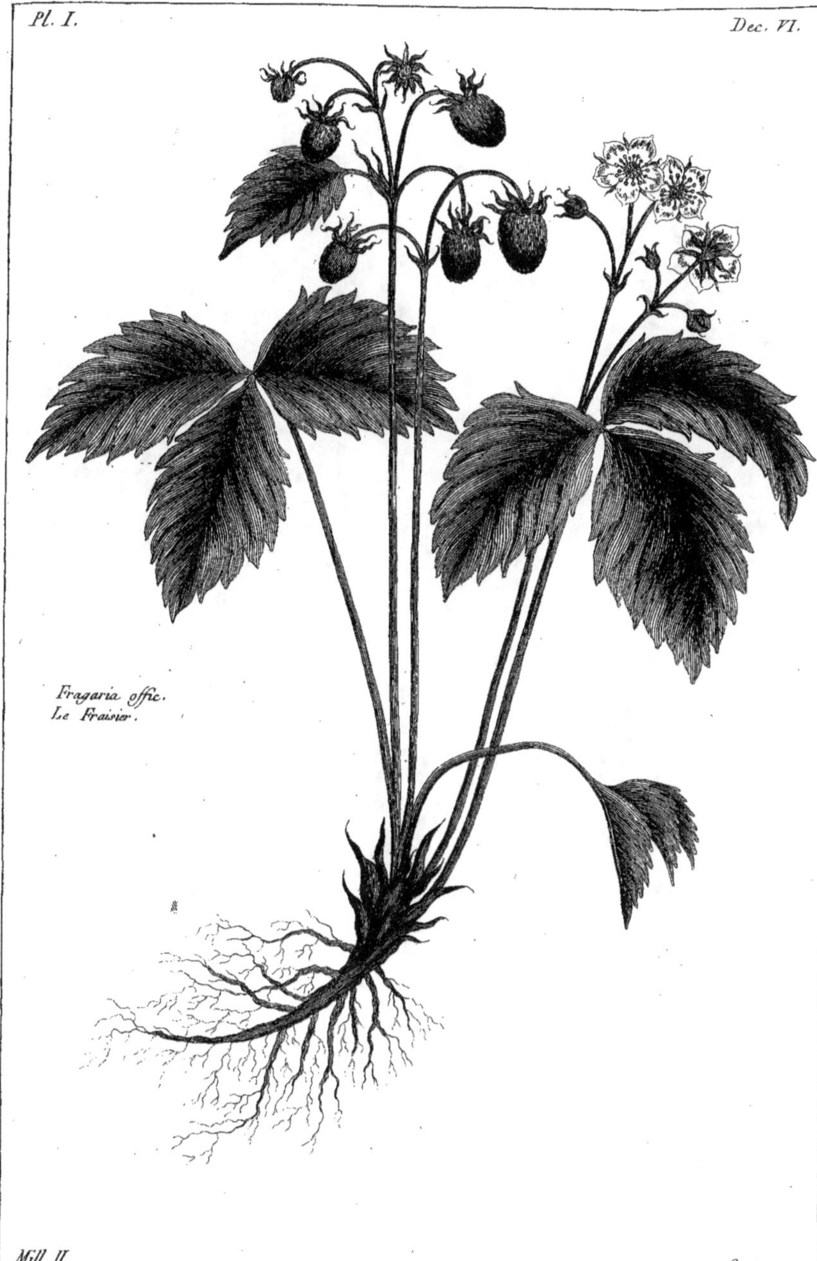

Dupin filius Sculp.

Pl. II.
Dec. 6.
Fig. 1. 
Fig. 2.
Figure 1.ere et 2.eme
Mesambryanthemum deltoides
Linn. Sp. plant. 690.
Mesambriantheme deltoide a
Petites et a larges feuilles
Mill. II.
Cent. 2. 
Dupin filius Sculp.

Dupin filius Sculp.

Malva Scrabrosa. Linn.
Mauve d'Ethiopie.

Mill. II.

Cent. 2.

Dupin filius Sculp.

Mill. II.

Cent. 2

M.elle de St Suire pinx.

Pl. VI.
Dec. 6.
Carduus marianus. Linn.
Chardon de Marie taché
de Blanc.
Mill. II.
Cent. 2.
Dupin filius Sculp.

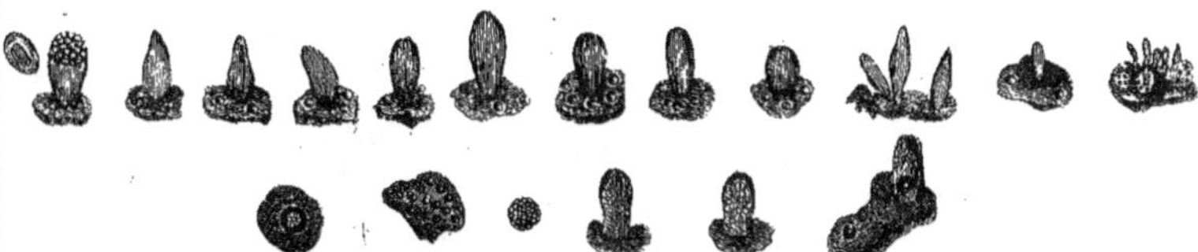

Sphærocarpus. Schmidel.
Sphærocarpe.

Dupin filius Sculp.

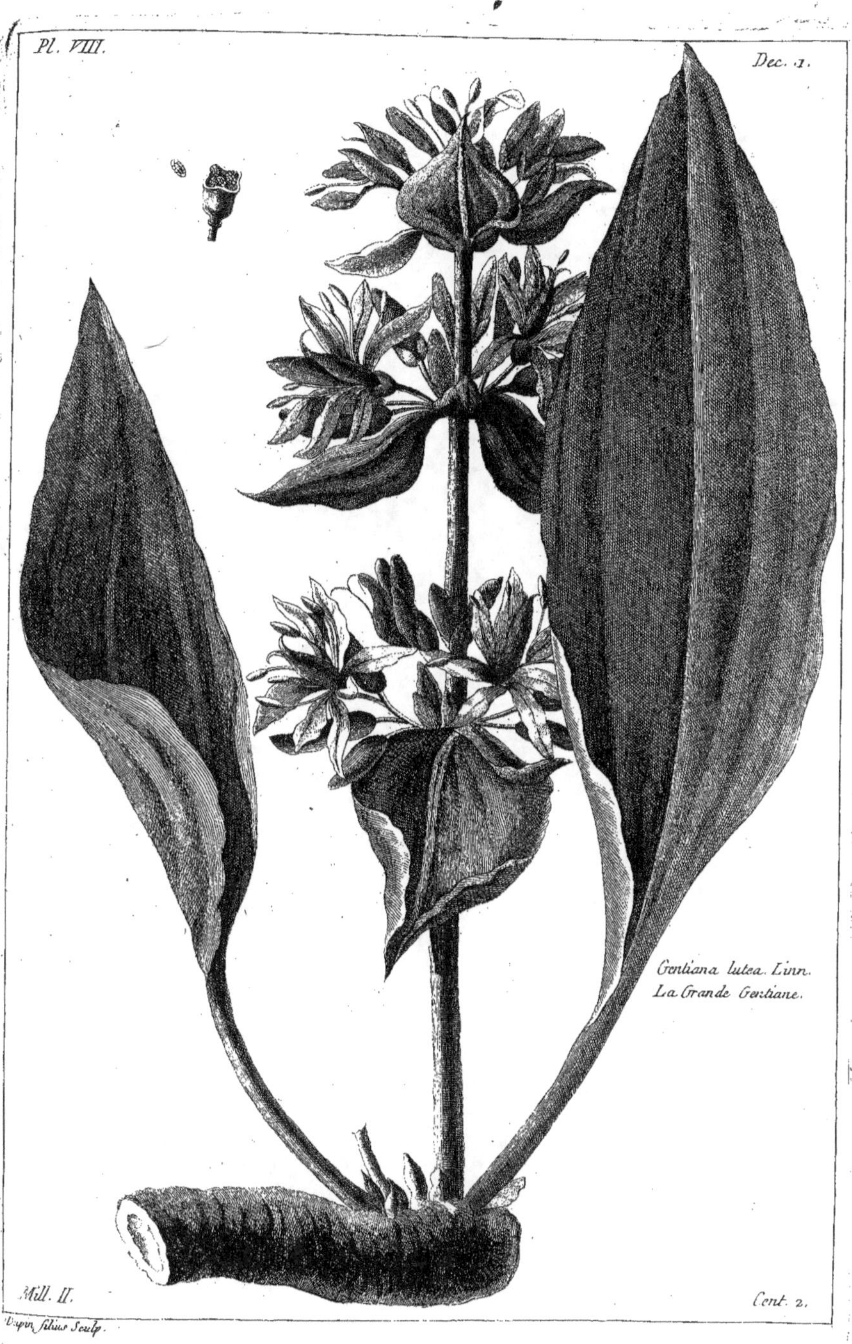

Pl. VIII.
Dec. 1.
Gentiana lutea. Linn.
La Grande Gentiane.
Mill. II.
Cent. 2.
Dupin filius Sculp.

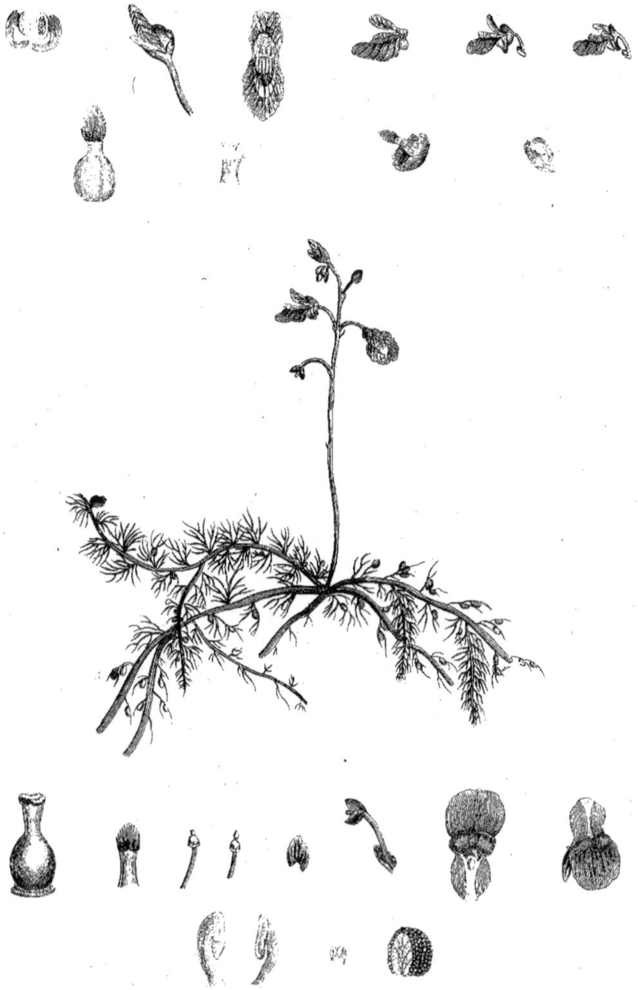

Utricularia minor. Linn. 26.
Mille feuille des marais.

Dupin Sculp.

Chrysocome rupestris. Schmidel.
Chevelure dorée des marais.

Dup'n filius Sculp.

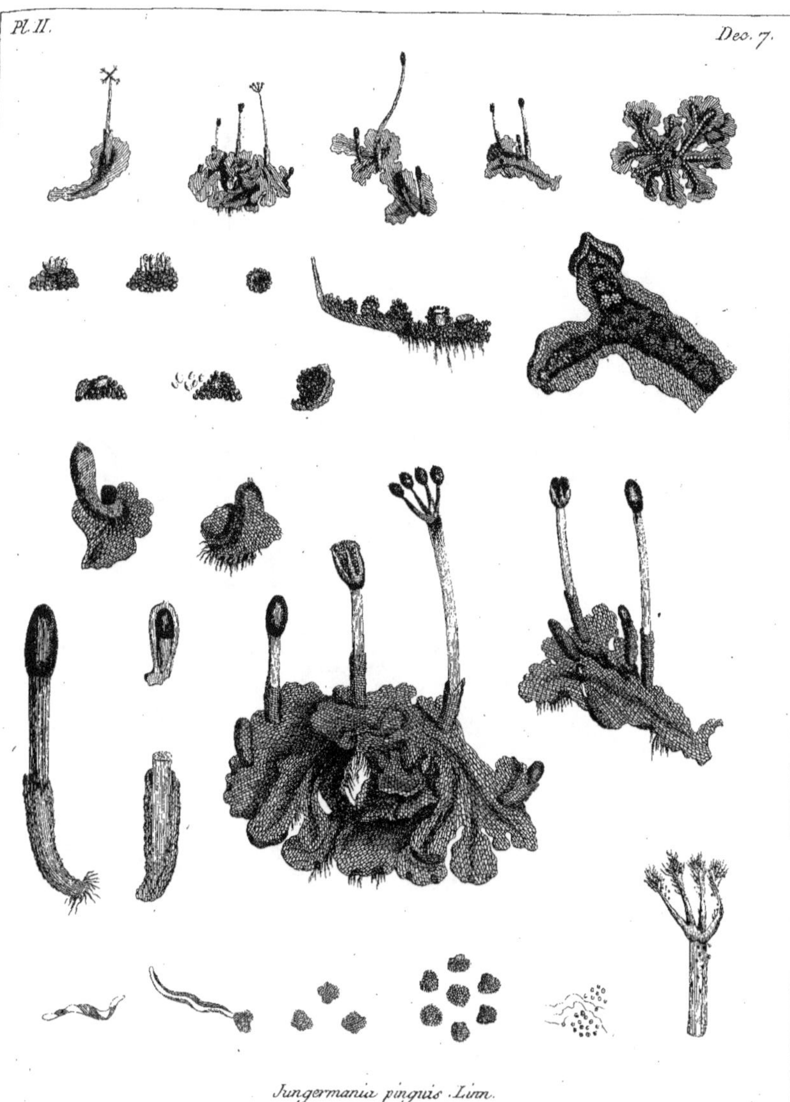

Jungermania pinguis. Linn.
La Jungermanne grasse.

Dupin filius Sculp.

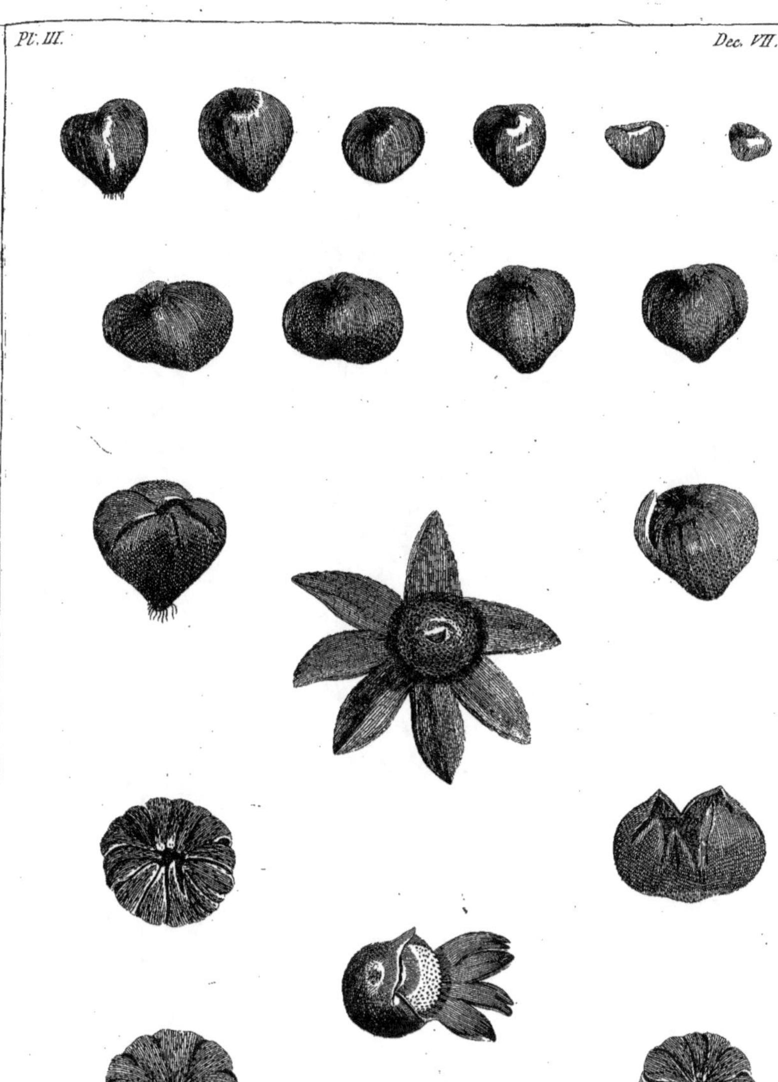

Lycoperdon volvam recolligens. Schmid.
Lycoperde Brun. ou Vesse de Loup.

Dupin filius Sculp.

Pl. IV.
Dec. 7.
Ketmia syrorum, flore albo
Böer. Ind. alter 272.
Guimauve en arbre.
Mill. II.
Cent. 2.
Dupin filius Sculp.

Pl. V.
Dec. 7.
Bauhinia purpurea. Linn Sp. plant 536.
La Bauhine Couleur de Pourpre.
Mill. II.
Cent.
2.
Dupin filius Sculp.

Pl. VI.
Dec. VII.
Dillenia Indica. Linn.
la Dillen des Indes.
Mill. II.
Cent. 2.
Dupin filius Sculp.

Pl. VII.
Dec. 7.
Nepenthes distillatoria.
Linn. Sp. plant. 1354.
Plante admirable distillatoire
Mill. II.
Cent. 2.
Dupin filius Sculp.

Pl. VIII.
Dec. 7.
Hedysarum Caput galli. Linn.
Sp. plant. 1059.
Teste de Coq.
Mill. II.
Cent. 2.
Dupré filius Sculp.

Lathyrus odoratus. Linn. Sp. 1032.
Poix d'Odeur.

Dupin filius Sculp.

Antirrhinum Cymbalaria. Linn. Sp. 851.
la Cymbalaire.
Dupin filius Sculp.

Pl. I.
Dec. 8. 
Sison ammi. Linn. Sp. plant. 363.
Petit ammi à feuilles de Fenouil.
Mill. II.
Cent. 2.
Dupin filius Sculp.

Dupin filius Sculp.

Pl. III.
Dec. VIII.
Euphorbia lathyris. Linn.
Epurge.
Mill. II.
Dupin filius Sculp.
Cent. 2.

Dupin filius Sculp.

Pl. V.
Dec. VIII.
Plantago Coronopus. Linn. Sp. plant.
Plantain découpé ou Corne de Cerf.
Mill. II.
Cent. 2.
Dupin filius Sculp.

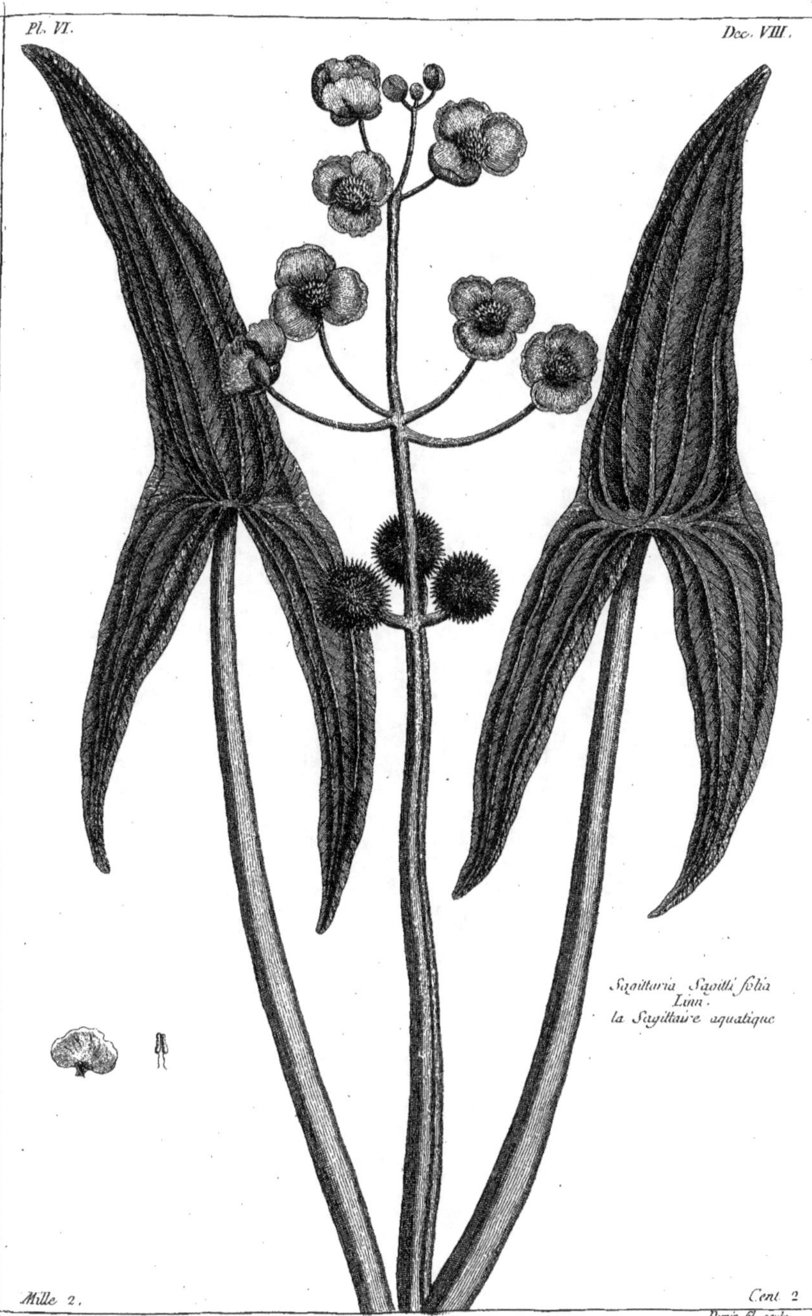

Pl. VI.
Dec. VIII.
Sagittaria Sagittifolia
Linn.
la Sagittaire aquatique
Mille 2.
Cent 2
Dupin fil. sculp.

Pyrus Cydonia . Linn .
Coignassier

Fig. 1. Ranunculus acris. Linn.
Renoncule des prés acre.
Fig. 2. Myosotis palustris. Linn.
grande Myosotique des marais.

Pl. IX.
Dec. VIII.
Adhatoda jalappæ
folio, flore rubro.
Adhatoda à feuilles
de jalap.
Mille 2.
Cent. 2.
Dupin fil. sculp.

Pl. X.
Dec. VIII.
Pinus Cedrus. Linn.
Cedre avec tous les détails de
sa fructification.
Mille 2.
Cent 2.
Dupin fil. sculp.

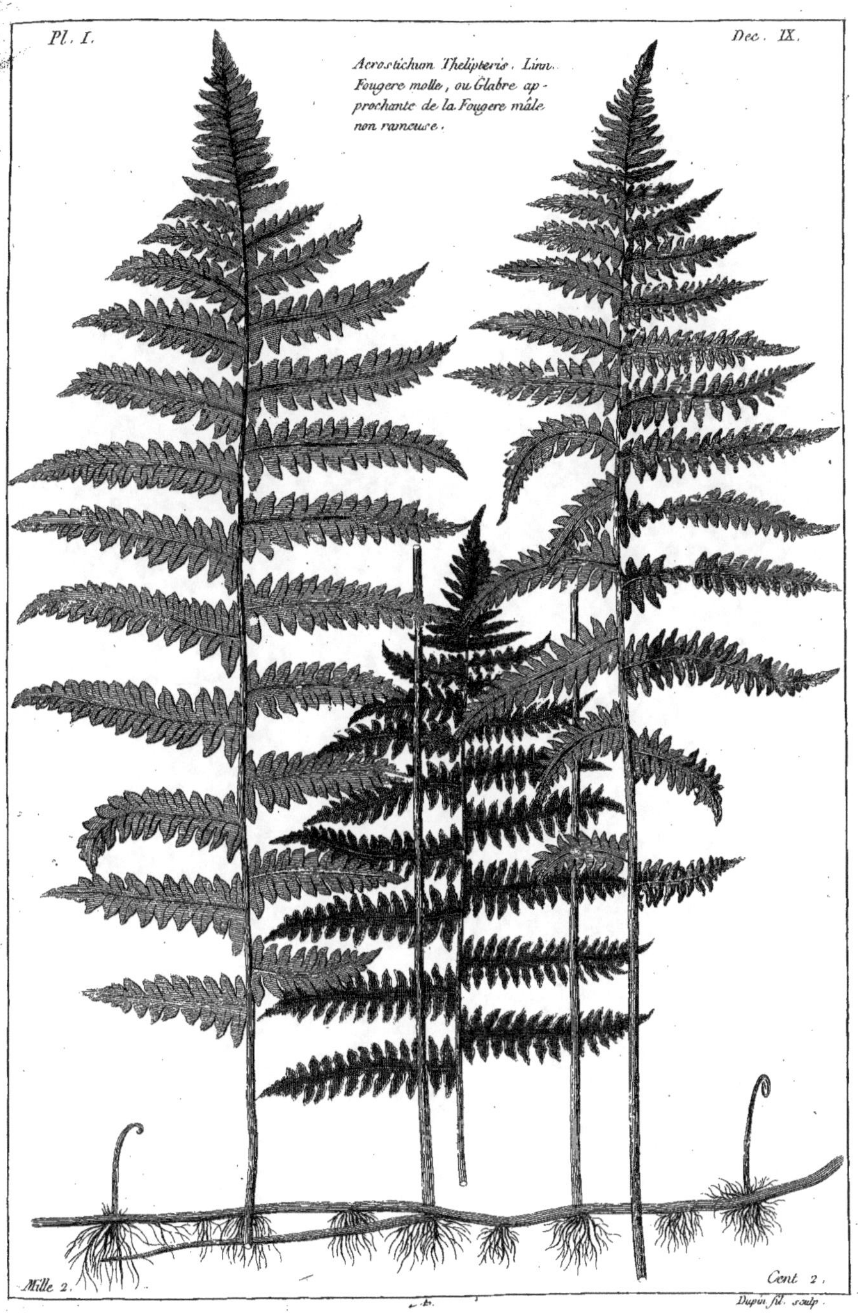

Pl. I.
Dec. IX.
Acrostichum Thelipteris. Linn.
Fougere molle, ou Glabre ap-
prochante de la Fougere mâle
non rameuse.
Mille 2.
Cent 2.
Dupin fil. sculp.

Marchantia hemispherica
Linn.
la Marchant hemisphérique

Dupin fil. sculp.

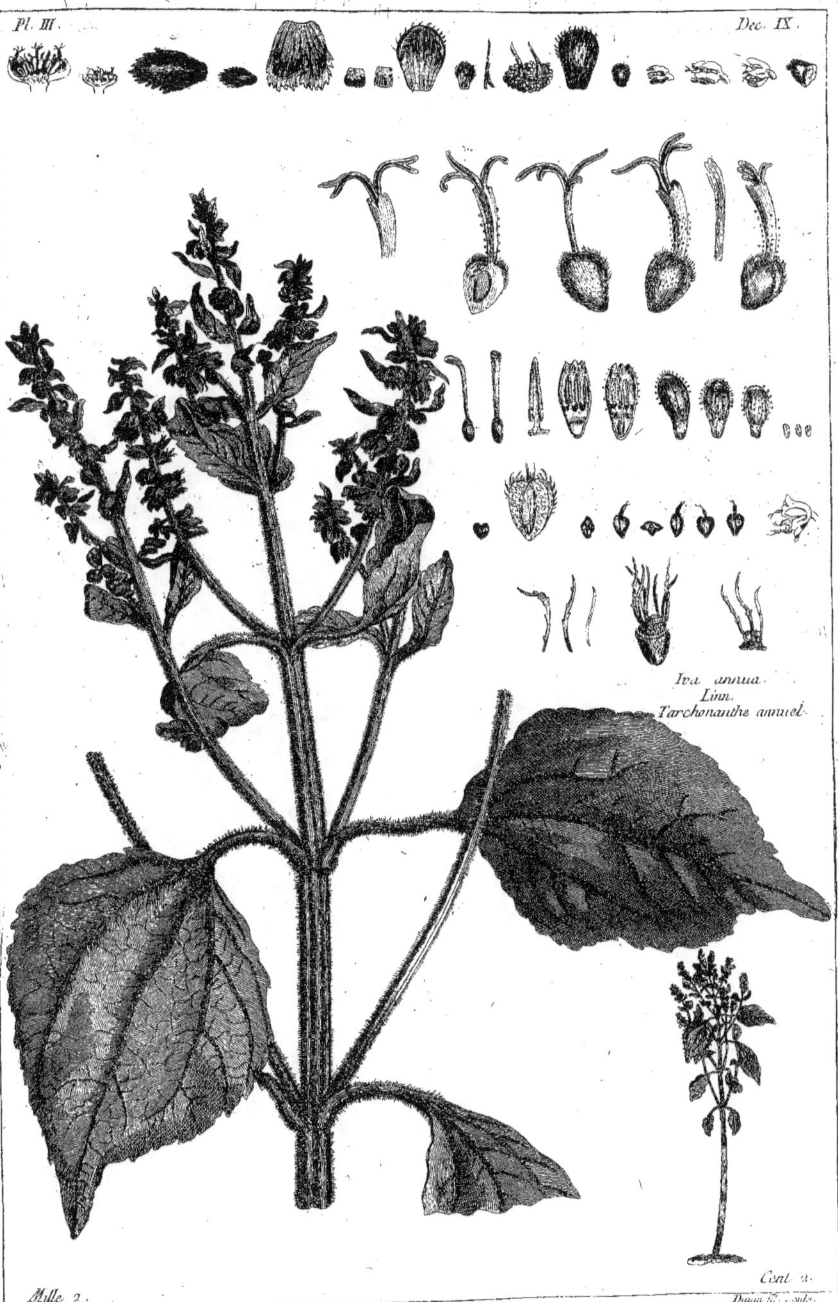

Pl. III.
Dec. IX.
Iva annua.
Linn.
Tarchonanthe annuel.
Mille 2.
Cent. 2.

Delphinium consolida.
Linn.
Pied d'alouette champêtre.

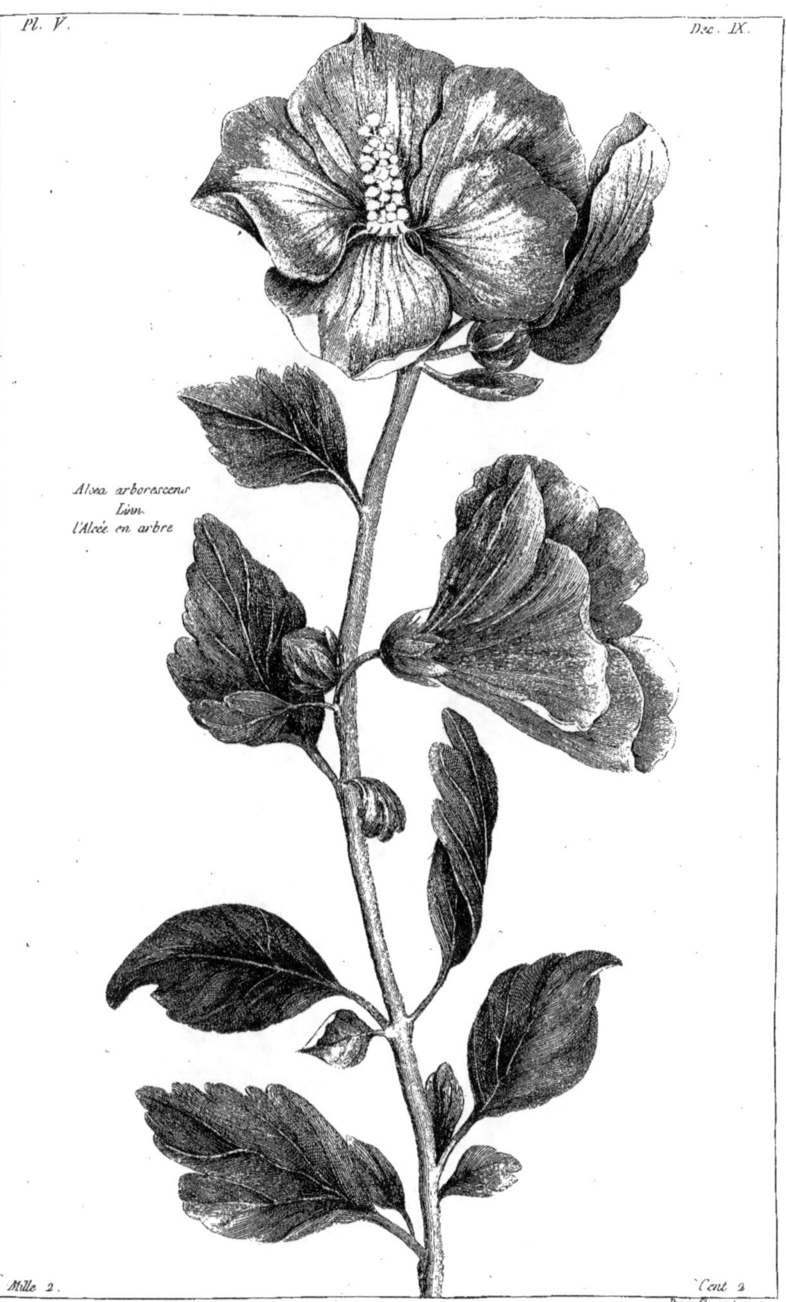

Alcea arborescens
Linn.
l'Alcée en arbre

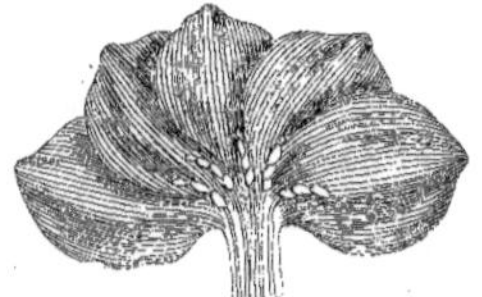

Mille. 2.

Cent. 2.

Dupin fil. sculp

Pl. VII.
Dec. IX.
Agarici species.
Espece d'Agaric.
Mille 2.
Dupin fil. sculp.
Cent. 2.

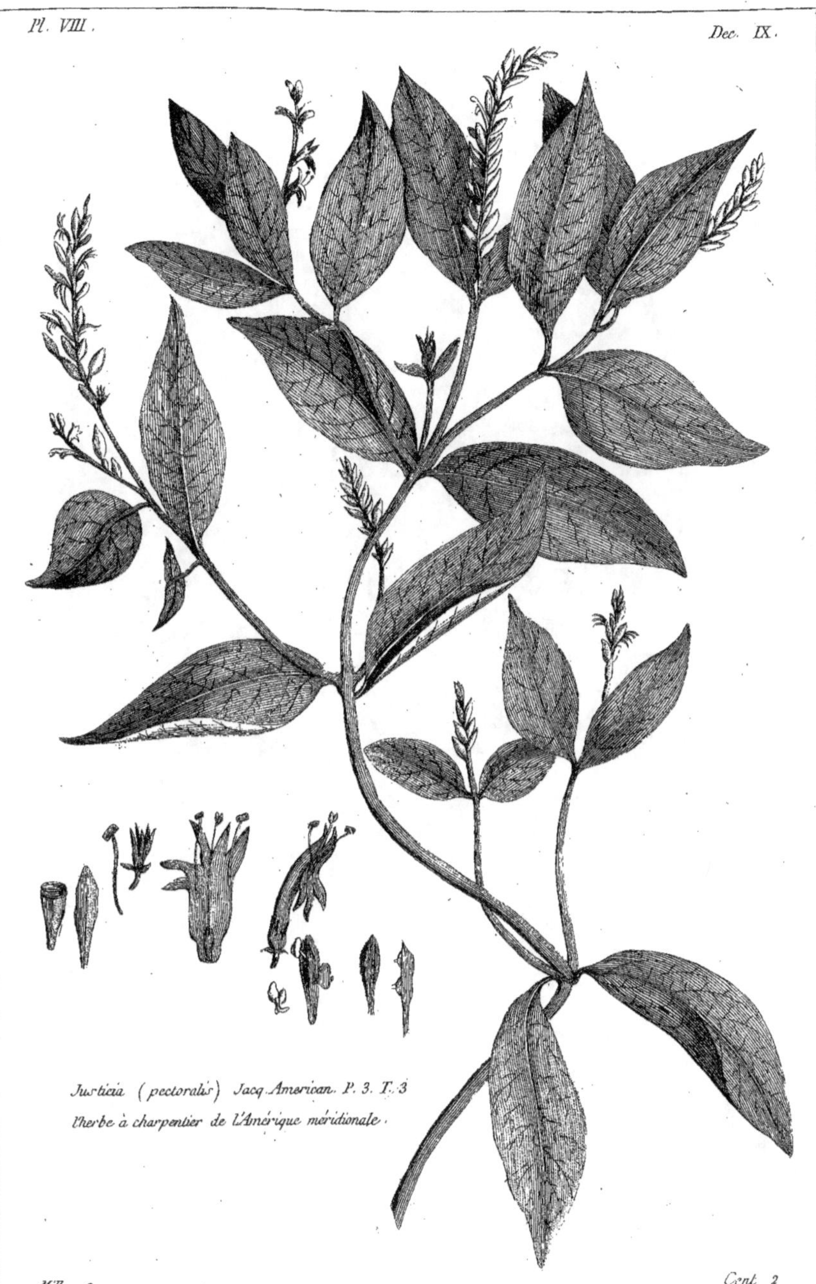

Justicia (pectoralis) Jacq. American. P. 3. T. 3
l'herbe à charpentier de l'Amérique méridionale.

Dupin fil. sculp.

Pl. IX.
Dec. IX.
Borrago orientalis.
Linn.
Bourrache du Levant
Mille 2.
Cent 2.
Dupin fil. sculp.

Mille 2.   Cent 2.

Pl. I
Dec. X.
Poterium spinosum
Linn.
Pimprenelle epineuse
Mille. 2.
Cent. 2.
Dupin fil. sculp.

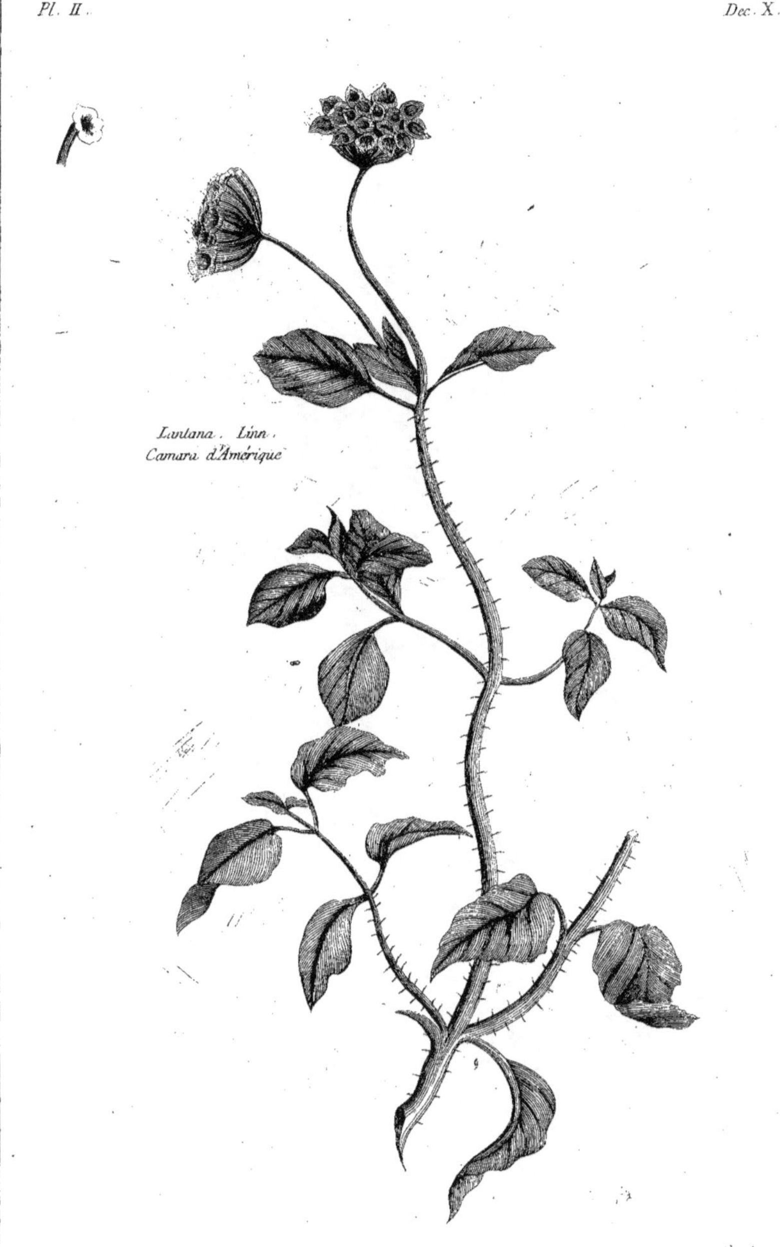
Lantana. Linn.
Camara d'Amérique

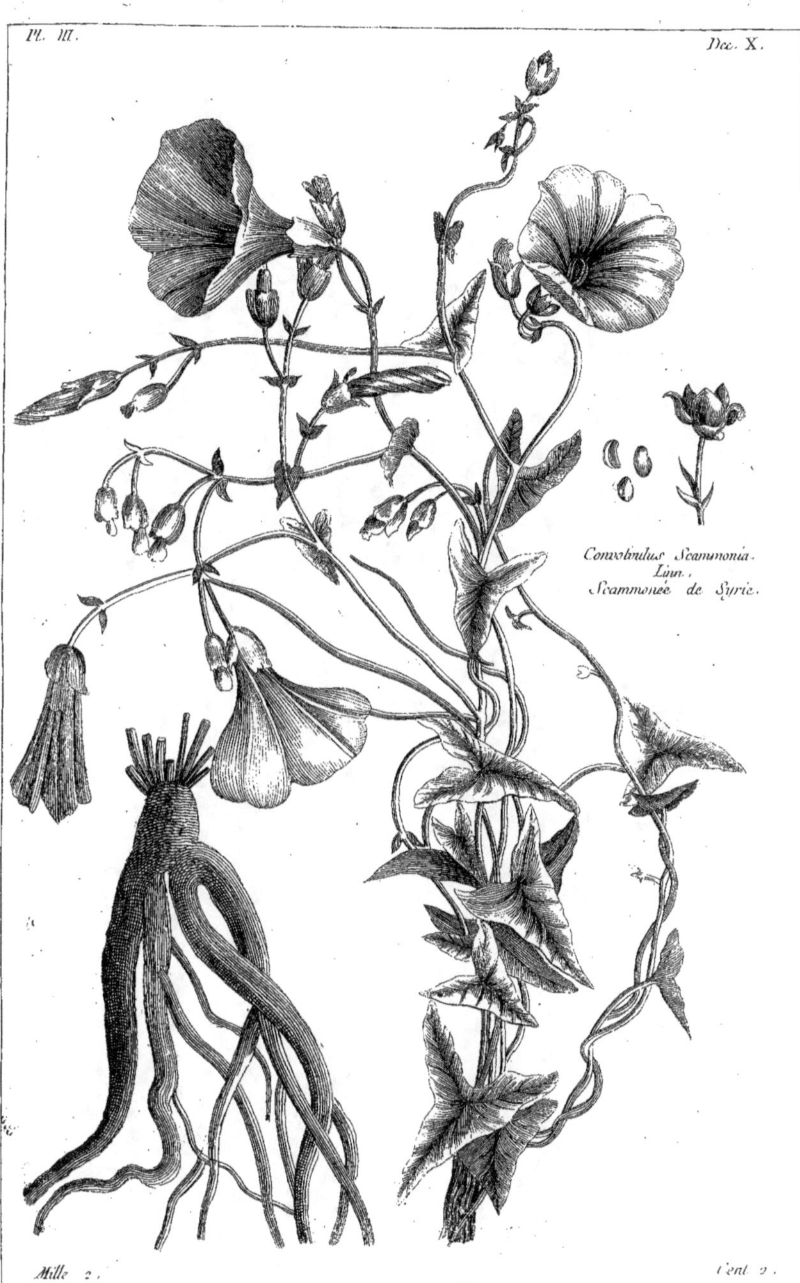

Convolvulus Scammonia.
Linn.
Scammonée de Syrie.

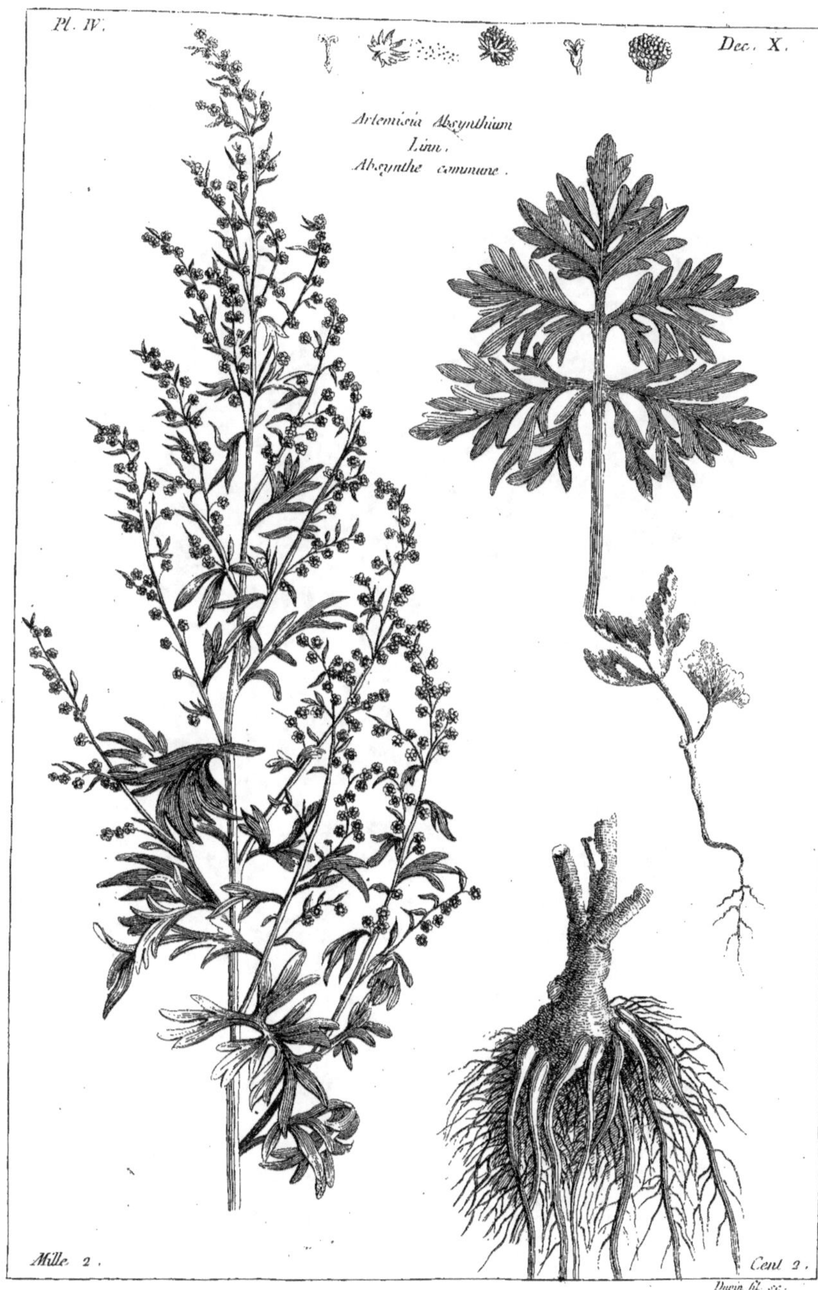

Pl. IV.
Dec. X.
Artemisia Absynthium
Linn.
Absynthe commune.
Mille 2.
Cent 2.
Dupin fil. sc.

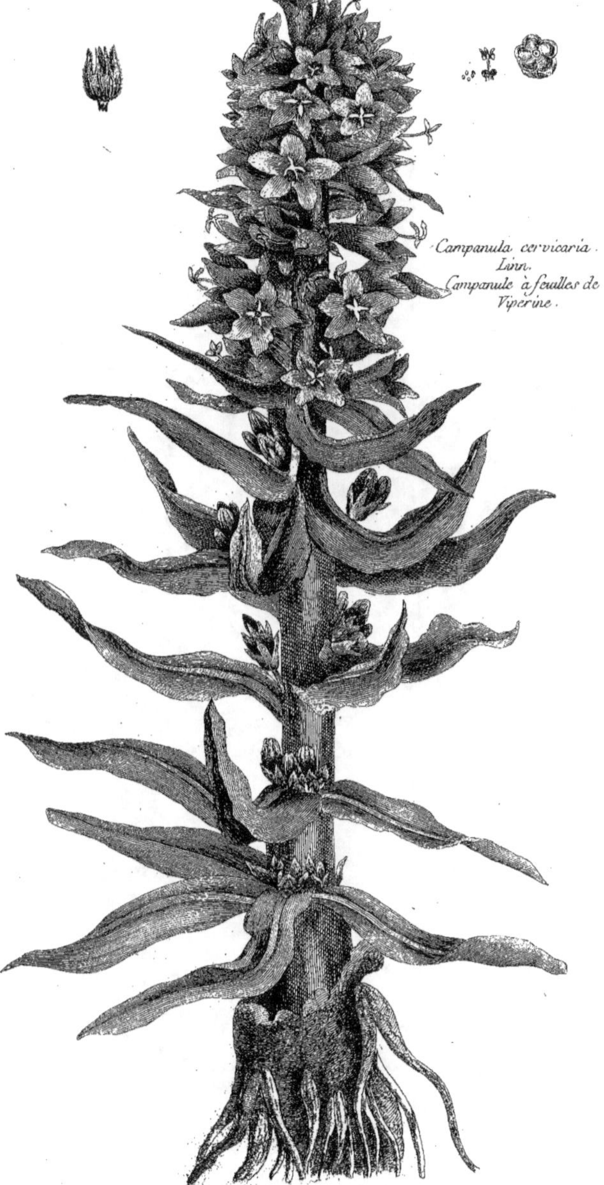

Dupin fil. sculp.

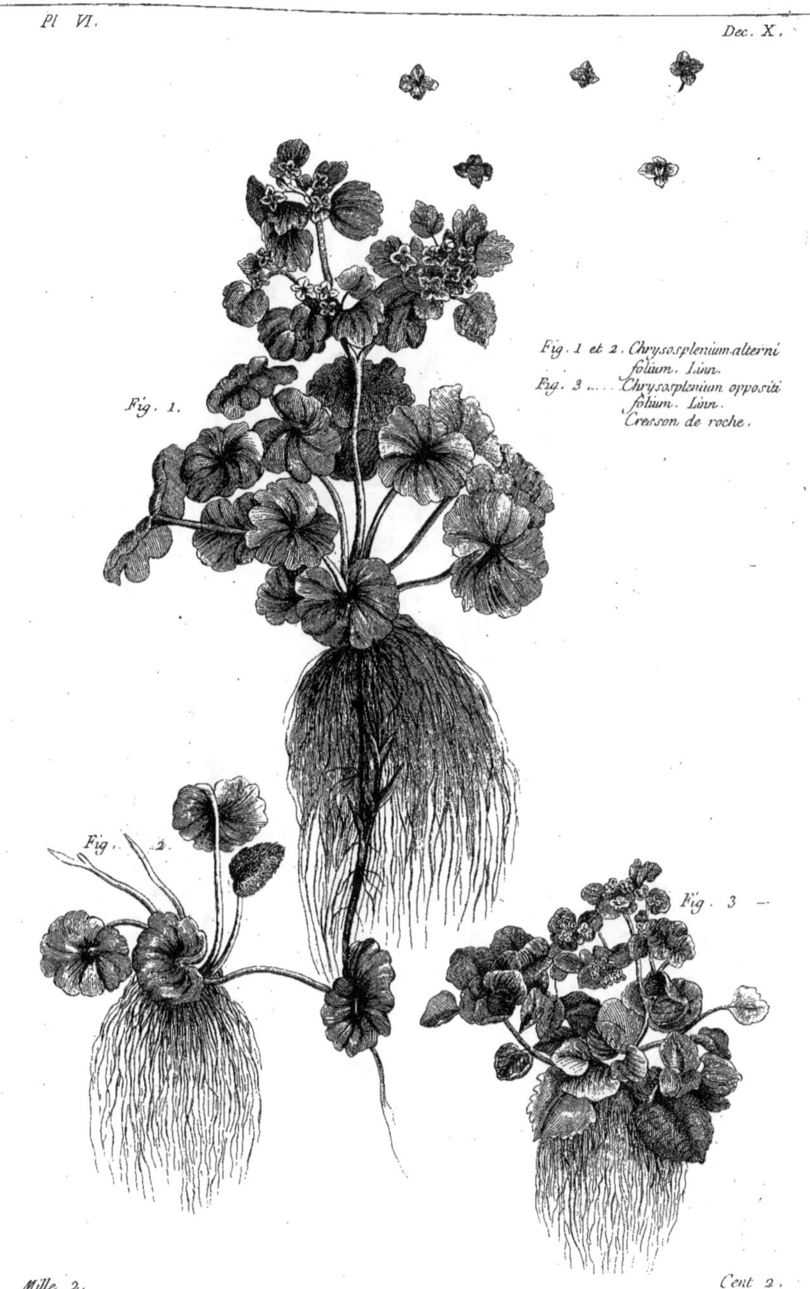

Pl. VI.
Dec. X.
Fig. 1.
Fig. 1 et 2. Chrysosplenium alterni
folium. Linn.
Fig. 3 ..... Chrysosplenium oppositi
folium. Linn.
Cresson de roche.
Fig. 2.
Fig. 3.
Mille 2.
Cent. 2.
Dupin fil. sculp.

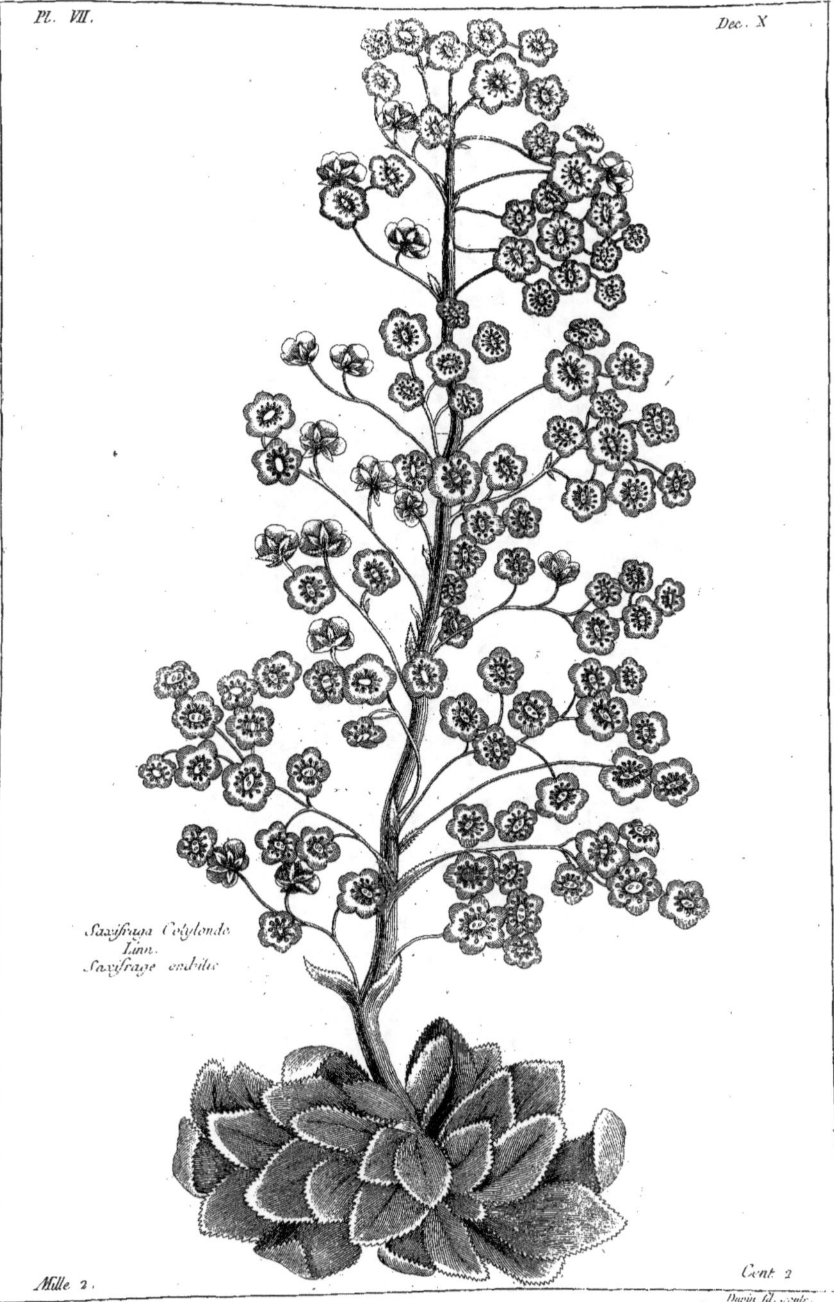

Dupin fil. sculp.

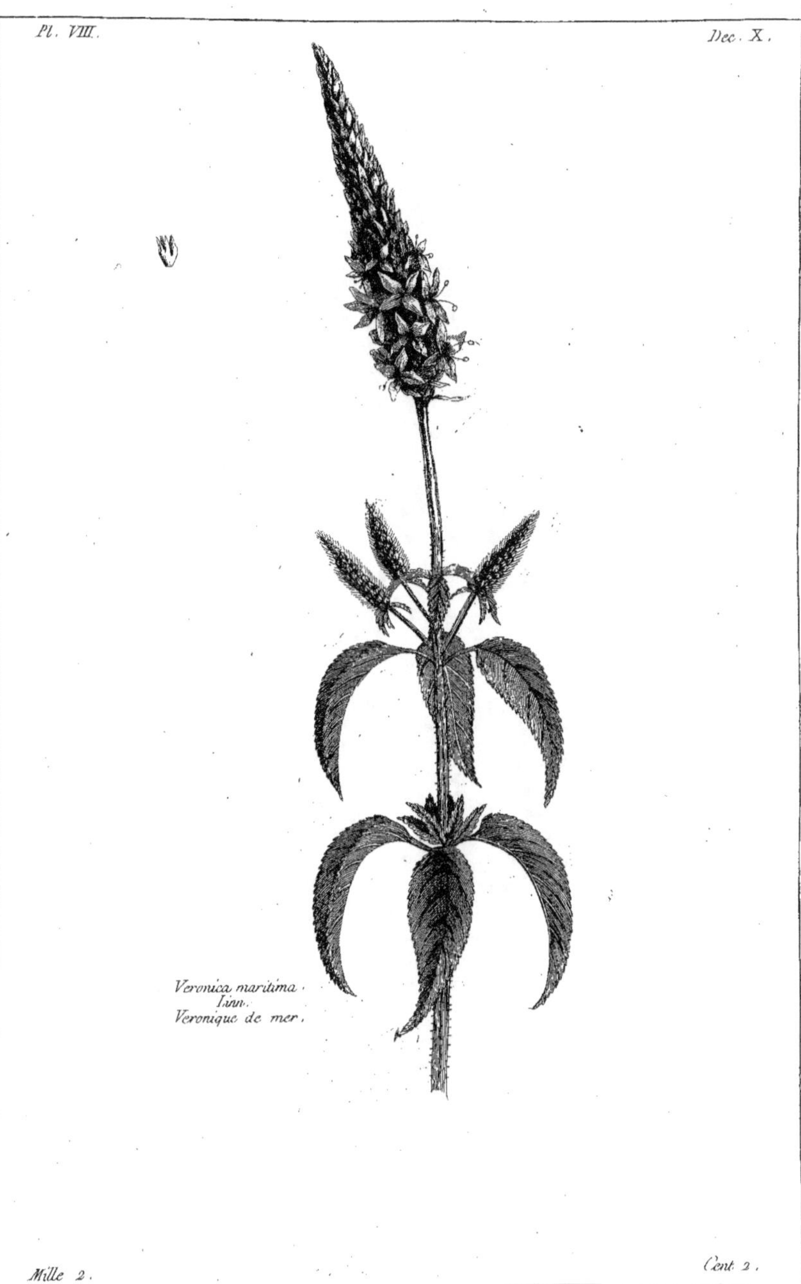

Veronica maritima.
Linn.
Veronique de mer.

Pl. IX.
Dec. X.
Lonchitis pedata.
Linn.
Fougere à 3. branches.
Mille 2.
Cent 2.
Dupin fil. sculp.

Teucrium pyrenaicum
Linn.
Polium des Pyrenées